2012—2013

体视学

学科发展报告

REPORT ON ADVANCES IN STEREOLOGY

中国科学技术协会　主编

中国体视学学会　编著

中国科学技术出版社

·北　京·

图书在版编目（CIP）数据

2012—2013体视学学科发展报告 / 中国科学技术协会主编；中国体视学学会编著 . —北京：中国科学技术出版社，2014.2

（中国科协学科发展研究系列报告）

ISBN 978-7-5046-6553-9

Ⅰ. ①2… Ⅱ. ①中… ②中… Ⅲ. ①三维结构-学科发展-研究报告-中国-2012—2013 Ⅳ. ①Q501

中国版本图书馆CIP数据核字（2014）第010806号

策划编辑	吕建华　赵　晖
责任编辑	高立波
责任校对	赵丽英
责任印制	王　沛
装帧设计	中文天地

出　　版	中国科学技术出版社
发　　行	科学普及出版社发行部
地　　址	北京市海淀区中关村南大街16号
邮　　编	100081
发行电话	010-62103354
传　　真	010-62179148
网　　址	http://www.cspbooks.com.cn

开　　本	787mm × 1092mm　1/16
字　　数	250千字
印　　张	11.25
版　　次	2014年4月第1版
印　　次	2014年4月第1次印刷
印　　刷	北京市凯鑫彩色印刷有限公司
书　　号	ISBN 978-7-5046-6553-9/Q · 180
定　　价	42.00元

2012—2013
体视学学科发展报告
REPORT ON ADVANCES IN STEREOLOGY

首席科学家 刘国权

专 家 组

组 长 康克军

副组长 赵忠明 唐 勇

成 员 （按姓氏笔画排序）

王 忠 王 浩 王卫国 王德文 尹立新
左 良 申 洪 田 捷 邢宇翔 朱佩平
李 杨 李 亮 李兴东 杨 平 杨正伟
宋晓艳 张 朋 张 跃 张晓鹏 陈志强
赵咏秋 赵荣椿 姜志国 彭瑞云 韩 焱
焦宗夏 曾 理 谢凤英

学术秘书 刘克音 王 锂 黄雪丽

序

科技自主创新不仅是我国经济社会发展的核心支撑，也是实现中国梦的动力源泉。要在科技自主创新中赢得先机，科学选择科技发展的重点领域和方向、夯实科学发展的学科基础至关重要。

中国科协立足科学共同体自身优势，动员组织所属全国学会持续开展学科发展研究，自2006年至2012年，共有104个全国学会开展了188次学科发展研究，编辑出版系列学科发展报告155卷，力图集成全国科技界的智慧，通过把握我国相关学科在研究规模、发展态势、学术影响、代表性成果、国际合作等方面的最新进展和发展趋势，为有关决策部门正确安排科技创新战略布局、制定科技创新路线图提供参考。同时因涉及学科众多、内容丰富、信息权威，系列学科发展报告不仅得到我国科技界的关注，得到有关政府部门的重视，也逐步被世界科学界和主要研究机构所关注，显现出持久的学术影响力。

2012年，中国科协组织30个全国学会，分别就本学科或研究领域的发展状况进行系统研究，编写了30卷系列学科发展报告（2012—2013）以及1卷学科发展报告综合卷。从本次出版的学科发展报告可以看出，当前的学科发展更加重视基础理论研究进展和高新技术、创新技术在产业中的应用，更加关注科研体制创新、管理方式创新以及学科人才队伍建设、基础条件建设。学科发展对于提升自主创新能力、营造科技创新环境、激发科技创新活力正在发挥出越来越重要的作用。

此次学科发展研究顺利完成，得益于有关全国学会的高度重视和精心组织，得益于首席科学家的潜心谋划、亲力亲为，得益于各学科研究团队的认真研究、群策群力。在此次学科发展报告付梓之际，我谨向所有参与工作的专家学者表示衷心感谢，对他们严谨的科学态度和甘于奉献的敬业精神致以崇高的敬意！

是为序。

2014 年 2 月 5 日

前言

体视学（Stereology）是一门研究三维结构（高维结构）的科学，重点关注对于三维结构表征的科学方法研究。体视学的研究范畴，既包括基于其低维截面或投影推估三维结构的定量表征参量，又包括三维结构的低维截面或投影图像自身的研究，也包括三维结构或其图像的完整重建及三维直接观测分析。体视学形成于20世纪60年代，随着科技的发展与进步，目前体视学已经成为一门跨理、工、医等多个领域的交叉性很强的应用技术学科，其原理与方法的发展研究高度依赖于方法学、数学、计算机技术、图像技术等，其应用则涉及材料、医药、生物、能源、环境、农业、地质、矿业、冶金、建筑、航空、航天、遥感、国防等需要对立体结构或三维结构进行定量表征和可视化表达的不同领域；尤其在材料和生物医学两大领域，体视学更是发挥着不可替代的作用。

本报告重点选择学科发展比较成熟、与当前国民经济和社会发展中重大热点问题紧密相关的部分分支学科，力求多方位展示学科发展的动态和趋势，分析学科发展的战略需求，系统收集了近5年来的研究成果，反映体视学学科的最新研究进展以及在国民经济和社会发展中的应用、成效和前景，预测学科的发展趋势。由于本报告是首次撰写，为了便于读者对体视学有更多的了解，我们在撰写过程中尽量简要地把体视学的定义和学科特点以及过去长期积累下来的部分优秀成果概括进来。

本报告的撰写得到了中国体视学学会生物医学分会、材料科学分会、图像分析分会、CT理论与应用分会、金相和显微分析分会、仿真与虚拟现实分会以及参与此项研究工作的专家学者所在单位的大力支持。在此，对所有参与编写人员的辛勤工作表示衷心感谢！

在本报告的编撰过程中，我们力图做到内容尽可能丰富全面，阐述尽可能深入细致。但由于开展此项研究的时间较短，且是首次撰写，加之参与编写的骨干人员工作较忙、所掌握的资料有限，文中可能有一些需要改进之处，恳请读者批评指正。

中国体视学学会

2013年11月

前言

目 录

序 …… 韩启德
前言 …… 中国体视学学会

综合报告

体视学学科发展研究 …… 3
一、引言 …… 3
二、体视学近年最新研究进展 …… 4
三、体视学学科国内外对比研究 …… 35
四、体视学学科的发展趋势与对策 …… 38
参考文献 …… 42

专题报告

生物医学体视学发展现状与趋势 …… 47
材料体视学发展现状与趋势 …… 68
图像分析研究现状与趋势 …… 87
CT 技术发展现状与趋势 …… 107
体视学与图像分析系统发展现状与趋势 …… 137

附录 …… 148

ABSTRACTS IN ENGLISH

Comprehensive Report

Abstract of the Synthesis Report ········ 157

Reports on Special Topics

The Development Status and Trends of Biomedical Stereology ········ 159
The Development Status and Trends of Materials Stereology ········ 160
The Research Status and Trends of Image Analysis ········ 162
The Development Status and Trends of Computed Tomography（CT）········ 163
The Development Status and Trends of Stereological Measurement Instruments ········ 164

索引 ········ 165

综合报告

体视学学科发展研究

一、引言

体视学对应的英文词“stereology”问世于20世纪60年代初。1961年5月12日，来自多个国家多个不同学科的11位科学家聚集在德国黑森林（Black Forest），举行了一次国际性非正式学术会议。他们发现并确认了他们在不同学科所从事的研究具有一个共同点，即均深切关注“从组织结构的截面所获得的测量值推断其三维组织结构参数”即“截面的立体诠释”这一共同命题，从而创造了“stereology”（中文译为“体视学”）一词，随之组建了国际体视学学会［The International Society for Stereology（ISS）］[1]。80年代中国体视学学会成立时，采用了“体视学”作为其学会与学科的名称。

根据构词学解释，体视学（Stereology，stereo- + -logy）是一门研究三维结构（或立体结构、空间结构）的科学[2]。也就是说，体视学研究的主要对象是三维结构。体视学的研究范畴，既包括基于其低维截面或投影推估三维结构的定量表征参量（体视学的传统定义范畴），又包括三维结构的低维截面或投影图像自身的研究，也包括三维结构或其图像的完整重建及三维直接观测分析。体视学的主要功能，是在不断发展体视学新原理、新方法、新技术和新仪器的基础上，帮助其他学科将其涉及的形形色色的三维结构定量化、数值化和图像重建，使其从原始的定性研究层次进入更高级的定量研究层次；或者，极大地提高其定量分析的效率，使其过去难以实现的大规模三维结构高可靠性的定量研究成为可能。在材料科学与工程和生物医学两大领域，均不乏体视学做出了不可替代贡献的杰出实例。例如，在材料学科由定性走向定量的历史过程中体视学功不可没，被称为“20世纪中定量化革命为金属学与后继的材料科学带来深刻变化的绝好例子”[3]。

经过几十年的发展，体视学已经成长为一个多学科交叉的独立学科，建立了自己明显区别于其他学科的体视学原理和方法体系，形成了自己的学术建制，其原理和方法在生物医学、材料科学与工程等诸多领域或行业获得了广泛应用，影响力不断扩大。

二、体视学近年最新研究进展

（一）近年来的体视学新观点与新理论

自 1961 年“stereology”一词问世以来，国内外从未对其定义进行专门的讨论。因为体视学（stereology）是一个高度交叉的新学科，已广泛应用于生物医学、材料科学、图像科学、冶金学、建筑学、工业、农业等众多领域，尤其是生物医学与材料科学领域，导致国内外不同场合不同应用领域的体视学定义不同甚至严重歧义，包括若干国际上权威辞典以及国内外各种标准（例如我国国家标准）对体视学的定义亦常常不一致。在我国，体视学的定义的不一致性更是直接影响了人们对体视学学科的准确理解和了解，也在一定程度上阻碍着中国体视学学会的学会工作与学术建制的建设。

针对中国科学技术协会 2012—2013 体视学学科发展报告项目的学科发展研讨活动中最引人关注的体视学定义与体视学学科两大问题，中国体视学学会组织了跨材料体视学、生物医学体视学、图像分析、CT（computed tomography，计算机断层成像技术或计算机层析成像技术）和仿真等领域逾百名专家进行了国内外首次对体视学（stereology）学科与定义的学术大讨论，广泛听取各方面的专家意见，并将主要研究结果于 2013 年 9 月在太原召开的中国体视学学会第六次会员代表大会暨第十三届中国体视学与图像分析学术会议上，以大会特邀报告的形式作了通报[4]。

1. 体视学基本定义的核心内容

本次学科讨论对如下问题获得了共识：自 20 世纪 60 年代起，体视学就形成了一个高度交叉但已独立的学科，具有国内外公认的学科名称与显明的学科特点，形成了其自身的理论与方法体系。体视学一词（英文为 stereology，stereo- + -logy）至今已形成多种定义，但其基本定义的核心内容应保持为“研究立体或三维（stereo-）结构的科学”。在此基础上，则应当允许不同学科分支或领域为满足需求而给出不违背上述基本定义的体视学扩展定义；但不应当喧宾夺主，不应当偏离体视学的研究目的是对立体结构或三维几何结构定量表征与准确表达这一核心含义。例如，国际体视学学会给出的比较通俗易懂的体视学定义为：“体视学是基于其截面或投影确定材料空间结构（the spatial structure of materials）的一门科学。体视学也包含平面图像本身的分析，以及材料的三维探查。”

2. 由投影数据重建三维 CT 图像属于体视学范畴

国际体视学学会虽然一直认可由低维的投影图像确定空间结构是体视学的重要组成部分，但至今尚未将基于一维投影数据重建三维 CT 图像这一学科分支纳入体视学范畴。而在我国，中国体视学学会 1997 年 4 月即已接纳 CT 理论与应用分会隶属于我学会，将基于一维投影数据重建三维 CT 图像的理论与技术研究及时纳入了体视学学科领域和学会的工作范围。在本次学科讨论中，绝大多数专家支持和确认了“从沿射线的投影数据重建三维 CT 图像属于体视学研究范畴”的学术观点，正式认可三维 CT 图像重建理论与技术是体视学理论方法体系的有机组成部分。而 CT 理论与技术也有力地进一步拓展了体视学的理论与方法体系。

3. 关于体视学定义中“维”的认识

本次学科讨论中一些专家也多次质询通常的体视学定义中“空间结构”或“三维结构”是否指的就是三维几何结构；尤其是当将体视学定义为由“低维”截面或投影确定“高维”结构的科学时，“高维”的维数有无限制？从目前国内外能检索到的所有体视学文献资料来看，体视学定义中的“三维结构”或“空间结构”、“立体结构”就是指几何结构，这一点是没有疑问的。但由于维数又可泛指数学中独立参数的数目，并不仅限于几何维数，从而在包括 *Science* 等国际上非常有影响的刊物上刊登的某些相关文献中亦采用了诸如“四维空间中的显微组织（microstructures in 4D）”等表述[5]。经核对，所谓的“4D”，实际上指的是随时间变化的三维几何结构（即在 3D 几何维数基础上增加了一个时间维而成为 4D 时空空间）。此类显微组织并未改变其仍然属于三维空间几何结构这一基本实质。

作为独立参数的其他信息变量（例如材料科学中的质量、能量、温度、化学组成、晶体学取向等等）还可能附加在三维几何结构中的每个体素（体积元素）上，如此具有更丰富特征与信息的结构在数学上当然可以作为维数 D>3 的体系来处理。对于不同领域中提到的维数大于 3 的高维结构或不均匀介质里的高维几何结构，建议在对体视学基本定义不会引起混淆和混乱的前提下，就相应的体视学理论与方法开展必要的探索与研究。

中国体视学学会并不反对针对特定学术领域对体视学进行不同的专业性表述，但并不一定建议将其推广应用于其他体视学分支学科。例如在图像技术领域常提及“流形（manifold）学习”，我国 CT 专家提出的如下的专业性表述中也使用了“流形”概念：“体视学涵盖了由所获取的低维流形上的统计或测量信息重建或估计高维流形信息……包括高维信息的定量分析、可视化、图像理解、形态结构分析及其应用”。但鉴于流形概念的复杂性，故不建议将其推广应用于各体视学学科分支通用的体视学定义中。

（二）生物医学体视学方法研究进展

近年来，在建立并完善生物医学体视学方法方面，我国生物医学体视学界取得了多项重要进展。主要包括：

1. 不断建立并完善生物医学体视学方法

1）建立了定量研究大脑皮质、海马、胼胝体等结构及其内有髓神经纤维的无偏体视学方法：通过连续脑组织切片和透射电子显微镜，运用体视学方法（包括卡瓦列里原理的运用和等距测点框、无偏计数框等的应用），建立了定量研究大脑皮质、白质、海马、胼胝体等结构及其内有髓神经纤维的体视学方法。

2）建立了定量研究海马结构内神经元数目和突触数目的无偏体视学方法：通过突触素的免疫组织化学染色和尼氏体染色，在组织图像上叠加测试框，依照光学体视框的计数原则计数神经元或突触的数目，并运用光学分合法，按照公式计算海马结构各亚区神经元或突触的总数目。

3）建立了辐射剂量效应关系研究的数学模型及其计算机程序：线性无阈模型用于高LET低剂量率照射，凸向下模型用于高LET高剂量率照射等，并建立实现利用上述数学模型的计算机处理程序，用于辐射剂量效应关系。

4）建立了虚拟组织切片的体视学模型：以数学手段描述组织切片可能出现的二维形态特征，模拟切片过程，将所得到的数据进行数值分析，与经验公式进行了拟合比较。

5）建立了空间随机分布粒子系统：用数学方法描述所定义的粒子的分布及其三维形态特征，建立应用程序。

6）建立了可用于定量检测转录因子活性的免疫化学染色的图像分析方法：转录因子进行免疫化学染色后，应用图像分析仪检测细胞核与细胞浆中转录因子阳性染色的灰度值，计算核/浆灰度值比来判定其活化程度。

7）建立了急性放射病外周血细胞计数与照射剂量和照后时间的定量关系的分析模型和程序。用分层曲线拟合法获得了由淋巴细胞或白细胞计数和照后时间推算照射剂量的量效、时效模型；用面积积分法获得了照后不同时间段由淋巴细胞或白细胞计数积分面积推算受照剂量的公式。

8）阐明了光衍射现象、滤光片、不同染色方法及组织切片厚度对细胞核DNA含量检测的影响：适宜的滤光片可提高细胞核DNA含量测量结果的精确性和准确性；Feulgen染色测量结果精确性和准确性明显高于天青B染色。

2. 不断加强体视学方法在实验病理学研究和临床病理诊断中的应用

1）体视框在生物医学研究中的应用：利用突触素标记神经终末膨大结合光学体视框计数神经终末膨大，准确地反映了组织和器官内所有的神经终末的分布；将免疫组织化学、光学体视框及图像分析方法相结合，研究了大鼠松果体的神经支配及双侧颈上交感神经节摘除后对松果体细胞分泌活动的影响。

2）体视学方法在放射病理学研究中的应用：①建立了立体定向照射放射性脑损伤模型并实现了靶区的三维重建；②建立了凋亡细胞核的三维重建方法；③建立了大鼠皮肤创伤愈合瘢痕的三维重建和体积定量方法；④建立了反映放射性肝损伤特征性变化的定量病理学研究方法；⑤建立了反映放射性肺损伤特征性变化的定量病理学研究方法；⑥建立了反映骨髓放射损伤特征性变化即造血细胞凋亡的定量病理研究方法；⑦建立了放射损伤机制和防治研究中分子病理学和分子生物学检测技术的定量分析方法。

3）体视学在电磁辐射损伤研究中的应用：开展了电磁辐射损伤效应的定量研究，并定量研究电磁辐射损伤的分子机制。

4）体视学在正常组织结构或各种疾病动物模型研究中的应用：①正常组织结构研究。主要包括睾丸组织结构（睾丸网的厚度、睾丸内生精小管、间质及间质内的空隙、生精细胞核的体积分数等）、脊髓组织结构（脊髓腰膨大横截面面积、灰质和白质平均厚度、脊髓灰质和白质的面积比等参数）的研究。②疾病动物模型研究。主要包括对于肺损伤模型（运用体视学方法测定大鼠肺实质红细胞体积密度、支气管残余管腔体积密度、肺泡体积密度等参数，定量研究 SD 大鼠细菌性重症肺炎模型病理的三维形态结构特点及变化规律）、肾损伤模型（通过鲍曼氏囊腔面积、肾小球周长、系膜区面积等参数，研究氟中毒大鼠肾组织损伤的形态定量病理变化特点及抗氧化微量营养素对肾脏超微结构的保护作用等）的研究。

5）体视学在临床病理诊断中的应用。例如：①肿瘤病理研究中的应用：包括对于肺癌（定量研究痰涂片中肺癌脱落细胞巴氏染色的色度学特征）、消化道肿瘤（运用体视学方法研究食管鳞癌细胞核的有关体视学参数在食管鳞癌诊断方面的意义、胃管状上皮性肿瘤细胞三维形态结构的特点及变化规律；测试腺上皮细胞中形态正常的和空泡变性的线粒体的体积密度、表面积密度、数密度等多个参数，从三维水平定量揭示大肠腺癌、腺瘤及正常黏膜上皮线粒体的超微结构特点和变化规律）、肝癌（测量 DNA 干系倍体值及细胞核形态学参数，分析成人正常肝和肝细胞癌 DNA 干系倍体及细胞核形态学参数的变化）、甲状腺肿瘤（测试上皮性细胞核的体积密度、表面积密度、数密度等参数，结果表明上述参数的变化在甲状腺良、恶性肿瘤及正常甲状腺组织之间具有显著的差异性及规律性）等的研究。②红外热像定量技术：基于红外辐射原理，把不可见的体表温度变化转变为可视性的和可定量的红外热图，实现了机能与结构多元信息的转换和表达。③皮肤镜图像分析技术：将皮肤病学的临床宏观图像与组织病理学的微观图像科学地联系起来，其中偏振光皮肤镜数字图像分析技术是一种以获取色素性皮损数字图像信息为基础的定量智能化系统；多光谱皮肤显微偏振光与数字图像处理技术，可测量目标皮损形状、面积、灰度、积分光密度及色素颜色参数的变化等。④骨形态计量技术：利用普通玻片上的大组织标本、硬组织切片机切取的不脱钙塑料包埋大块骨组织标本及旋转切割机切取的含金属植入物的塑料包埋磨片标本，分别采用普通显微镜、大视野显微镜、自动显微镜及图像拼接软件采集，上述各方法在一定程度均能满足大块骨组织图像采集及体视学分析需求。⑤其他疾病研究与诊治中的应用：如联合应用 RT-PCR、ISH、IHC、FCM 及图像分析技术进行糖尿病分子发病机理的研究；使用体视学方法研究血管性痴呆（VD）皮肤基底细胞微管的生物学诊断意义，对 VD 和正常健康老年人皮肤基底细胞微管进行测量和定量分析；采用卡瓦列里原理测量颅内血肿体积等。

3. 2008 年以来生物医学体视学研究与应用所获得的科技奖励

例如：①体视学技术在军事病理学及相关领域中的推广应用。中国体视学学会 2013 年度科学技术奖科技进步奖一等奖（完成单位：军事医学科学院放射与辐射医学研究所）。

②体视学在临床病理领域中的应用研究。中国体视学学会 2013 年度科学技术奖科技进步奖二等奖（完成单位：南京军区南京总医院）。③军用电磁辐射武器装备健康危害评估和综合防治措施研究。中国人民解放军总后勤部 2013 年度科学技术进步奖一等奖（完成单位：军事医学科学院放射与辐射医学研究所）。④老年期痴呆的临床与基础系列研究。军队 2012 年度医疗成果奖（完成单位：中国人民解放军总医院）。⑤脂肪性肝病发病机制、病理特点及临床对策研究。河北省 2011 年度科技进步奖一等奖（完成单位：河北医科大学第三医院、中国人民解放军第三〇二医院）。⑥ TAU 蛋白病异常神经网络新靶点研究。重庆市 2010 年度自然科学奖（完成单位：重庆医科大学）。⑦ 25946 例中国军民肝穿病例肝病谱、临床病理、流行病学及转归研究。军队 2009 年度医疗成果奖一等奖（完成单位：解放军第三〇二医院、香港中文大学威尔士亲王医院）。⑧中子放射损伤的分子病理特点和防治措施研究。军队 2009 年度科技进步奖二等奖（完成单位：军事医学科学院放射与辐射医学研究所、军事医学科学院附属医院）。

（三）材料体视学最新研究进展

在材料体视学领域，近年来在组织结构三维重建与直接观测表达研究、组织形态及其演变动力学的数值计算、体视学与组织演变三维仿真的无缝耦合、材料显微组织与晶粒的取向成像技术（orientation mapping 或 orientation imaging，包括电子背散射衍射即 electron back scatter diffraction，简称 EBSD 等）、晶界特征及其分布（grain boundary character distribution，GBCD）三维定量化等方面，获得了较明显的发展，辅助材料科学揭示和解释了微观组织结构演变行为、组织与性能之间的关系等若干规律与现象，并进一步扩展了体视学学科“三维结构研究”的覆盖领域。例如：

1. 材料三维组织的定量化有力推动了材料组织结构的精确表征和设计开发的进程

在材料科学与工程领域，体视学、计算材料学与图像分析之间的关系伴随着三个领域近年来的迅速发展而愈加密切，其相互促进作用也越来越明显了。

1）随着图像分析技术从光学显微镜到扫描电子显微镜和透射电子显微镜的迅速发展，尤其是随着电子背散射衍射（EBSD）技术的商用化及推广，材料组织信息的内涵从人眼直接观察到的组织形貌拓展到包含形状、尺寸、含量、分布、取向、取向差、取向关系、晶体缺陷密度等广义的组织信息。由于 EBSD 技术获取的晶粒取向、晶粒间取向差、相邻相之间的取向关系等晶体学信息实际是通过衍射得到的三维组织结构信息，与之相关的图形或图像表达则在体视学和图像分析领域增加了新的理论内容和图像表达方式。目前，利用 EBSD 技术测定晶体学数据已达到每秒 800 多个取向的标定速度，这种集组织形貌信息和晶体学数据为一体的图像分析技术对现代材料体视学的发展起到了重要的推动作用。

2）EBSD 技术的日趋成熟和普及有力促进了我国晶界工程（GBE）的研究和应用。晶界工程是材料体视学应用的代表性领域之一，是利用体视学的原理和方法，测定和表征晶界特征分布的三维参量。体视学应用于晶界工程的一个台阶式的发展是关于晶界面特征分布的五参数分析法的发明。即，通过 EBSD 测得任意截面内各晶粒的取向数据，重构出测试区域的二维取向成像显微图。由此把以往用取向差表征晶界特征的研究提升到了晶界织构研究这样更深入的层面，可以认为是近年来体视学原理与 EBSD 技术紧密结合并成功应用于晶界工程研究的一个重要突破。

3）材料的实际显微组织的三维重建与可视化技术在我国获得了重要进展。例如，北京科技大学材料优化设计研究室提出了多晶体组织的三维重建与可视化的最优方法，成功重建了具有大量真实纯铁晶粒的三维结构，相关成果被美国科学出版社出版的 *Materials Express* 杂志作为封面论文发表，并给予了很高的评价（原文的中译文）："基于连同数学形态模型的先进数字图像处理技术，中国的北京科技大学与巴基斯坦的 KIU 大学的研究者们提出了一种大体积多晶体组织的三维重建与可视化的最优方法。该方法在研究各种金属与合金中充满空间晶粒和析出物的三维形态以及显微相的连通性时非常有用。"[6]

4）利用数值分析和计算机仿真的手段来研究材料微观组织结构，在对体视学有关理论和方法的验证、改进和丰富等方面发挥了重要作用。利用三维可视化仿真技术，可以生成迄今为止较其他手段最为接近实际材料组织结构的仿真模型。结合计算机模拟技术和图像分析技术，可以根据需要容易地剖取三维仿真组织不同空间取向的截面、进行三维直接测量（如晶粒尺寸及其分布，拓扑参数及其分布，第二相数密度、尺寸及空间分布状态等）。尤其是近年来发展起来的应用材料实测参数的数值分析 / 计算机模拟耦合模型，不经材料实际制备即可能看到所设计的显微组织形态及其在现实服役条件下的组织演变过程，是对传统体视学无法实现的低维和高维空间组织演变规律动态对应关系的重要补充。基于三维晶粒长大过程仿真研究，近年来中国科学家提出或验证了新的三维晶粒长大速率理论模型和新的三维晶粒尺寸与拓扑学参数的定量关系。例如，王浩等提出的三维晶粒长大的拓扑依赖性理论模型，与实验和仿真结果的吻合程度明显优于国内外的已有模型。

2. 材料体视学与图像分析技术系列国家标准的编制、发布与修订

例如，国家标准"应用自动图像分析测定钢和其他金属中金相组织、夹杂物含量和级别的标准试验方法 第 3 部分：钢中碳化物级别的图像分析与体视学测定（GB/T 18876.3—2008）"，于 2008 年 5 月 1 日由国家质量监督检验检疫总局和国家标准化管理委员会联合发布并于 2008 年 11 月 1 日正式实施。连同国家标准"应用自动图像分析测定钢和其他金属中金相组织、夹杂物含量和级别的标准试验方法第 1 部分：钢和其他金属中夹杂物或第二相组织含量的图像分析与体视学测定（GB/T 18876.1—2002）"和"应用自动图像分析测定钢和其他金属中金相组织、夹杂物含量和级别的标准试验方法第 2 部分：钢中夹杂物级别的图像分析与体视学测定（GB/T 18876.2—2006）"，该系列标准的制定使我国拥有了与国际接轨的钢中第二相含量、夹杂物含量与级别、碳化物含量与级别的体视学与自动图像分析实验操作标准，结束了我国该领域检测方法无国家标准可依的混乱状况，推动了我国钢铁内部质量评定方法由人工估计向自动定量发展。

国家标准“用半自动和自动图像分析法测量平均粒度的标准测试方法（GB/T 21865—2008）”亦为首次发布。该标准规定了金属和非金属多晶体材料的平均晶粒度、截距和面积分布的基本测量方法，适用于等轴型和伸长型晶粒结构的单相和双相系试样等。但该标准仅作为推荐性试验方法，不能确定受检验材料是否接受或适合适用的范围。

又如，国家标准 GB/T 15749 中规定了用网格数点法、网格截线法、显微镜测微目镜测定法、线段刻度测定法及图像分析仪测定法测定物相体积分数的方法；尤其适用于各类合金显微组织中物相体积分数的测定。这些方法对应于 1846 年德莱塞（A.E. Delesse）推导出由截面上轮廓的面积分数测量来估计体积分数的数学公式、1898 年罗西瓦尔（Rosiwal）证明的采用线测试法测估体积分数的公式、1930—1933 年期间汤姆森（E.Thomson）和格拉戈列夫（A.A.Glagolev）证明的测估体积分数的计点法等经典体视学公式[7]。该国家标准（即 GB/T 15749）于 2008 年最新修订并更名为“定量金相测定方法”，代替了 GB/T 15749—1995“定量金相手工测定方法”。

值得指出的是，GB/T 15749—1995 被 GB/T 15749—2008 所代替并更名，GB/T 18876 系列标准与 GB/T 21865 标准的制定发布，均展示了人工体视学方法逐渐被自动体视学与图像分析方法所取代的演变趋势，虽然在许多情况下自动分析方法尚难以完全取代人工分析方法。

3. 2008 年以来材料体视学研究与应用所获得的科技奖励

所获得的科技奖励包括：①金属中金相组织含量和级别的图像分析与体视学测定系列国家标准。2012 年中国钢铁工业协会、中国金属学会冶金科学技术奖冶金科学技术二等奖［完成单位：湖北新冶钢有限公司，北京科技大学，冶金工业信息标准研究院，钢研纳克检测技术有限公司，首钢总公司，黄石理工学院，武汉钢铁（集团）公司］；②低合金高强度钢微观组织的三维形态及长大行为。中国体视学学会 2012 年度科学技术奖自然科学奖二等奖（完成单位：武汉科技大学）；③钢中碳化物级别的图像分析与体视学测定国家标准。湖北省 2011 年度科技进步奖三等奖（完成单位：湖北新冶钢有限公司，北京科技大学，国家冶金工业信息标准研究院）；④钢中夹杂物级别的图像分析与体视学测定国家标准。湖北省 2008 年度科技进步奖三等奖（完成单位：湖北新冶钢有限公司，北京科技大学，国家冶金工业信息标准研究院）；等等。

（四）图像分析最新研究进展

自 20 世纪 70 年代自动图像分析技术问世以来，将体视学原理和自动图像分析方法有机结合以取代人工体视学方法一直是推广应用体视学的一大趋势。前文述及的材料领域国家标准 GB/T 15749 的修订，以及 GB/T 18876 系列标准与 GB/T 21865 标准的制定发布，均体现了这一发展趋势。

作为定量研究物体三维结构的科学，体视学应用时首先需要将所研究的对象（如人体、生物器官、材料等）进行二维或三维成像，然后采用计算机图像分析方法实现对物体的定量分析与测量。作为体视学研究的基本方法和工具，图像分析的研究内容包括图像分割、目标或感兴趣区域的特征提取、目标检测和分类、目标的特性分析和定量测量、三维结构可视化等。随着信息技术的发展和体视学应用的不断推广，图像分析领域近年来得到了快速发展，近年来的研究进展主要体现在图像分析理论方法和图像分析应用两个方面上。

1. 不断发展的图像分析技术与方法

（1）研究发展了大量适合医学、材料领域图像分析的精准图像分割方法

在体视学图像分析测量中，首先需要将目标图像进行分割，然后再进行分析和定量测量，精准的图像分割是物体精确测量的前提。

针对阈值分割、边缘检测、区域生长等传统图像分割算法，存在算法简单、自适应弱等问题，近年来图像分析研究者们开始将各种数学理论及模型引入图像分割中，提出了一系列适合医学材料领域图像分析的精准图像分割算法。将活动轮廓模型引入分割，形成了Level Set 分割和 Snake 分割方法；将动态聚类的思想引入分割，可以根据各个区域的灰度或纹理特点将图像自动地聚为几个类别，代表性方法有 k 均值聚类、模糊 C 均值聚类以及 Mean Shift 聚类等；基于监督学习的分割，则是将识别理论中训练和学习的过程引入分割，这类算法先对已知图像的目标和背景区域进行特征训练，形成目标区域预测模型，通过该模型将图像的各个子区域分割为目标和背景；数学形态学用集合论方法定量描述目标几何结构，采用水域分割（Watershed 变换）模仿地形图浸没过程，在图像分割中获得成功的应用。

虽然每年都有大量的有关图像分割的论文发表，但由于图像的复杂性，到目前为止，还没有一种对所有图像都能产生满意效果的分割方法。往往根据研究对象的具体情况，优选合适的解决方案，精准的图像分割算法还在不断发展之中。在生物医学体视学中，所涉及的图像通常对比度较低、组织器官的可变性复杂、不同软组织之间或软组织与病灶之间的边界模糊、形状结构和微细结构分布复杂，实际的分割中，有效的方法基本上都是各种特定理论、方法和工具综合运用的结果。针对生物体视学领域最新出现的皮肤镜图像技术，提出了一套精准的分割方法和方案：对于对比度高、边界清晰的皮肤肿瘤，可以选择自动的大津阈值方法进行分割；而对于对比度低、过渡区域不明显的皮肤肿瘤，则采用 Mean Shift 方法有更好的分割结果；而对于颜色和纹理变化的皮肤肿瘤，则可以选择遗传算法与自生成神经网络相结合的方法进行分割；针对肺部病理图像，提出了基于主动轮廓模型的边界分割方法，得到准确的病灶边界；针对医学 X 线图像对比度低、边缘模糊的问题，提出了基于图论的分割方法，该方法通过对图像进行伪彩色化处理，增加图像的彩色信息，提高图像的边缘对比度，在归一化割准则下得到完整的分割结果。

（2）研究发展了多种适合图像自动理解与分类识别的理论方法

近年来，图像分析学者们提出了一系列用于目标识别和分类的模型。

建立了基于学习的判别式和产生式分类与识别模型。判别模型直接利用正负样本的特征及对已知真值的标注估计各类别的条件概率分布，判别式模型的训练过程等价于对判别函数进行优化的过程。判别模型以检测为主，可告诉人们图像里有什么、在什么位置。产生式模型用于对随机生成的数据进行分析，通过估计联合概率分布的参数实现对目标的建模，从而实现分类和识别。

提出了视觉注意机制、特征袋模型、稀疏表示、流形（manifold）学习以及 LDA（latent dirichlet allocation）主题语义模型等的一系列的图像分析与模式识别新方法和新思路。这些方法在医学图像的分析中也逐渐显露出优势。基于视觉注意机制的图像分析方法，可以将图像中感兴趣的特定区域提取出来，在感兴趣区域内进行目标的检测和识别。这种图像方法赋予现有分析过程一定的选择能力，将资源优先分配给那些感兴趣的区域，这使它对于解决数据筛选的问题、降低计算量并提高计算机对信息处理的效率都具有极为重要的研究意义和应用价值。特征袋模型在图像分类以及图像检索中具有良好的表现，模型中的一个文档通常可以看作是由若干词汇组成，通过将所有文档的词汇划分不同的主题，再用每个主题在文档中的出现次数构成特征矢量用于描述每一个文档。稀疏表示模型认为自然图像可以看成由多个基函数构成的线性组合，在图像分析与识别领域已成功地运用到数据降维、特征袋模型和分类器设计应用中。流形学习可以用来对图像进行特征抽取。由于传统的线性特征抽取算法，都是试图发现数据的全局结构，对于原始空间中数据可能存在的局部信息或者低维流形结构则没有给予关注。而基于局部性质的流形学习，旨在发现高维数据的分布规律，提示其内在几何结构，对数据集进行降维或者实现数据可视化。

2. 图像分析技术在医学等领域应用的新进展

（1）分子影像研究领域的新进展

分子影像作为获取生物体细胞和分子水平生理病理信息的成像新方法，为疾病发生发展及药效评价的研究提供信息获取和分析处理的新手段，将成为下一代医学影像技术。在中科院自动化所田捷研究员的带领下，实验室在分子影像领域，提出了分子影像非匀质重建新方法，形成了系列应用与产业化。

在成像模型与重建算法方面，针对单模态分子影像成像速度、深度和精度问题，首先对漫射光传播模型进行了研究，探讨了辐射传输方程扩散近似解的存在性、唯一性和正则性，并发展了一种基于混合辐射度学—辐射亮度定理的自由空间光子传输模型，以解决光学成像系统中成像镜头的复杂性和生物体表面逃逸光子的朗伯源特性问题。针对生物体的非匀质特性，提出了多水平自适应有限元重建算法、多光谱多尺度光源重建算法等多种行之有效的重建算法，且均在领域内主流国际期刊上发表。

在技术平台方面，针对光学分子影像前向问题求解、重建算法仿真以及多模态融合，中科院自动化所研发了光学分子影像前向仿真平台（MOSE）、医学影像算法平台（MITK）和三维医学影像数据处理平台 3DMed，向教育和研究机构提供免费下载，用户来自于 70 余个不同的国家和地区，1000 多家不同的单位，已得到美国、法国、日本等国家研究机构的关注和使用，目前累计下载量 20000 余次。

在成像设备方面，针对理论算法的验证和生物实验的开展，构建了单模态激发荧光成像系统、自发荧光成像系统和 Micro-CT 成像系统，对光学成像系统的灵敏度进行了检测，研发了具有自主知识产权的光学成像软件 WinMI 和 Micro-CT 成像软件，并成功地对自发荧光成像系统和 Micro-CT 成像系统进行了技术转移。

在生物应用方面，针对成像系统性能的验证，在生物医学领域科研单位的协助下，进行了一系列在体生理病理和药效评价实验，包括肺癌细胞系 NCI-H460 发生、发展、转移以及对药物的敏感性实验，LM3 肝癌发生、发展、转移以及对药物的敏感性实验等，达到了预期的实验效果，部分结果发表在 *PLoS ONE*、*Molecular Imaging*、*Optics Express* 等国际主流杂志上。

（2）医学图像分析及辅助诊断领域研究的新进展

图像分析技术在医学图像处理和识别方面有着广泛的应用领域，随着图像分析方法的进步和日趋成熟，围绕生物医学体视学的应用，从拓展应用领域到辅助医学诊断方面，均取得了长足的进步。

建立了针对黄色人种的偏振光皮肤镜图像分析诊断方法和系统。皮肤恶性肿瘤是皮肤疾病中首位致死性疾病，尤其是国人皮肤恶性黑素瘤（CMM）以每 10 年增加两倍的比例上升，因其恶性程度高、易转移，缺少理想非创伤性诊断方法，已成为皮肤首位致死性疾病。北京航空航天大学与空军总医院合作，建立了适合黄色人种偏振光皮肤镜图像分析系统。采用基于 PDE 的修复方法去除图像中的毛发噪声；将遗传算法与自生成神经网络相结合，分割皮损图像；提取颜色、纹理和边界特征，采用组合神经网络分类器实现皮损目标的识别与分类。该研究开拓了针对中国黄色人种的皮肤镜图像分析与诊断技术，分析系统指标中，敏感度和特异度均达到了 97.1% 的国际先进水平。该系统于 2012 年 12 月取得国家行业的认可："国食药监械［2012］361 号"正式分类界定"用于筛查、诊断皮肤肿瘤、白癜风等皮肤病的皮肤镜图像诊断仪，确定为Ⅲ类医疗器械"，目前已应用于临床，检查病例达 1 万余例，效果良好。

提出了多光谱皮肤成像及医学图像辅助诊断机理的研究方法。研究建立了多光谱皮肤肿瘤成像技术，无创获取黄色人种皮肤组织从 430 ~ 950nm 间 10 个波段光谱图像的二维、三维可视信息，揭示肿瘤侵袭皮肤组织的多光谱成像规律与病理诊断的关系，阐明了其对皮肤肿瘤早期诊断与预后判断的机理；结合遗传算法自生成神经网络，实现皮肤组织中 10 个谱段图像的自适应聚类分割和基于模式的内皮损区及目标过渡区的准确划分；参照皮肤镜诊断指征，定量分析颜色、纹理和形状等特征，提取并优选 10 个波段的光谱特征，基于组合神经网络模型，实现皮肤肿瘤的自动识别。该研究填补了黄色人种多光谱成像早期诊断在国际上的研究空白。

建立了基于全自动控制显微镜的数字病理切片及其 DICOM 图像管理系统。研究解决了全自动控制显微镜的自动聚焦算法及控制问题，实现了大场景海量显微数字切片图像（每幅图像数据量约 2G）的建立与管理。针对国际上病理数字切片图像的 DICOM（digital imaging and communications in medicine）标准的热点问题，开展了我国该领域标准的研究与探索，目的是使海量体视学病理图像分析数据管理更规范化。随着数字病理切片在医院的广泛普及和应用，建立 DICOM 关于数字病理切片图像管理标准的补充部分，极大地推动了国内数字病理切片存储管理的标准化进程和远程病理辅助诊断的进展。

提出了基于数字病理切片的病理图像检索与辅助诊断方法。随着数字病理切片在临床诊断和远程会诊中的广泛应用，基于内容的病理图像检索技术将逐渐成为医学辅助诊断的重要工具。研究基于染色成分和视觉注意驱动的多分辨率病理特征提取方法，利用主题模型挖掘病理图像潜在的上下文语义特征，同时利用不同局部嵌入的稀疏编码模型揭示病理图像的高层特征，解决图像检索过程中普遍存在的“语义鸿沟”问题，实现病理图像的分类与识别。北京航空航天大学针对五类乳腺亚种病理切片图像，采用特征袋（BoF）、概率潜在语义分析（pLSA）等语义模型来描述病理图像的高层语义特征，选取 Gabor、SIFT 等局部特征，并结合显著性检测、颜色反卷积等方法，实现了乳腺病理图像的检索，检索率达到 90%。

（3）三维建模研究领域的新进展

在三维获取方面，研究工作集中在快速高精度双目立体匹配计算方面。双目立体匹配指的是以两张不同角度拍摄的场景图像作为输入，计算恢复场景的深度信息。立体匹配算法的优劣评价主要考虑两个方面：计算精度和执行效率。提出了一种新的立体匹配算法，在精度和效率方面均获得了优异的结果：该算法在当时的 Middlebury 评测中精度排名第一，计算效率在前 30 算法中排名第一，达到 8 ~ 10 帧 / 秒的准实时处理速度，同时具备高精度和高效率。

在三维信息的特征计算和分析方面，研究工作集中在曲面上的曲率线计算、Ridge 线计算、脐点检测。由于脐点的存在隐式曲面曲率线计算非常困难。提出了一个计算、显示隐式曲面上计算曲率线的算法，可以提取复杂、精确的曲率线网拓扑结构图，其相应的计算技术也可被应用于其他数值分析研究中。2D 流形曲面上的 Ridge 线提取，基于场的思想与 Ridge 理论，提出 Ridge 方向场概念，发展了一般光滑流形曲面上 Ridge 图的计算框架，研究了网格模型上脊线和谷线的计算方法，发展了任意三角网格的脐点检测方法。针对离散点云数据，提出了基于法向拟合的二阶微分量估计方法，在数据带有很强噪声情况下取得比较精确的估计结果。

在三维离散数据的分析方面，研究工作集中在点云曲面全局参数化和四边形网格化、三维模型形状分解与语义理解和大模型点云采样。根据点云的主方向来进行点云曲面全局参数化和四边形网格化。对于给定的点云模型，提出了一种新的直接全局参数化点云模型的算法，利用该算法的参数化结果进行的网格化既减少了网格面片数目，又反映了点云模型的内在几何特征，符合人眼对三维物体的识别特点。基于感知信息的三维模型形状分解与语义理解方法，对点云形式表示的三维模型进行形状分解，主要包括带“环”和不带“环”的三维物体模型。提出了一种基于外存的大规模点云的重采样及重建方法，采样得到的重建结果能够完全保留原始点云的拓扑信息。

在三维重建方面，研究工作集中在数据分割、物体识别和场景表示、数据缺失严重情况下的重建和基于多种传感器数据的植物重建和快速建模。场景激光扫描数据的目标分割。扫描所获得的室外场景往往会包含不同类型的物体，通过建立计算机可读的知识域进行场景目标识别与分类，并对不同部分进行基于高斯映射的形状理解。基于激光扫描数据的树木结构分割和重建。提出了从深度图像中提取骨架的方法，并可以生成树的广义圆柱模型。树木点云数据缺失严重情况下，针对高噪声深度图像提出了以主曲率分析为基础的树木自动重建技术，降低了树木重建对输入数据精度的要求。基于多种传感器数据的植物重建，通过叶尖点检测从带噪声的激光数据和多幅图像中产生植物模型。基于草图的树木建模方法，解决了已有方法适用树木形态有限的问题。

在复杂场景真实感快速渲染和大规模呈现方面，研究工作集中在三维模型简化、真实感实时模拟和森林场景实时阴影的真实感绘制。高效通用的叶片简化算法和不同叶片模型的光滑过渡。提出了一个新的叶片简化算法，时间效率大大提高。研究精细的多边形网格与连续层次细节模型的有机结合，提出的平滑过渡方法实现了这两类截然不同的模型的平滑过渡。水墨动态扩散效果的真实感实时模拟技术，简化水墨扩散效果的物理模型，获得真实、高效的水墨扩散模拟效果。复杂植物场景的真实感绘制技术，针对不同类型的场景和不同类型的植物，根据实际要求分别采用不同的算法进行绘制。森林场景实时阴影的真实感绘制，改进了 PSSM（parallel split shadow mapping）方法来生成实时阴影。

3. 2008 年以来图像分析技术研究所获得的科技奖励

图像分析技术研究近年来获得了一系列科技奖励。例如：①基于大形变和低质量的指纹加密方法与应用。由中国科学院自动化研究所、西安电子科技大学、北京天诚盛业科技有限公司完成，获 2012 年度国家技术发明奖二等奖。作为一种身份认证的手段，指纹识别技术近几十年得到了广泛的研究和应用。数字身份的安全性及其与物理身份的统一性要求，以及由此带来的信息安全性等问题，促使对指纹识别技术的要求不断提升。本成果一方面提出了一系列低质量指纹图像增强和大形变指纹图像匹配算法，为提高指纹识别系统的识别精度和可靠性奠定了基础；另一方面发明了多种指纹模板加密和密钥绑定方法，在保证指纹模板安全的同时，也提高了密钥的安全性。基于以上新方法，针对网络环境下身份认证的新需求开发的应用指纹加密技术的身份认证系统，在国家计算机网络与信息安全管理中心和北京农村商业银行等单位得到了应用。②小动物多模态光学分子影像成像方法与系统。由中国科学院自动化研究所完成，获 2010 年度国家技术发明奖二等奖。该系统是一套光学与 Micro-CT 融合的双模态系统，其光学断层成像实现了在三维空间上定量地重建出小动物体内的发光光源，突破了平面光学成像技术成像仅能提供二维位置信息的技术瓶颈，实现了从皮下肿瘤探测和基于皮下肿瘤模型的药物抗肿瘤疗效评估，到位于内部组织的原位瘤，如肝癌、肺癌、胃癌和一些脑部恶性肿瘤的三维定量重建的技术飞跃。中国科学院自动化研究所正在构建基于组织特异性的成像模型，将光学断层成像系统与 CT 成像系统的结果融合，能够更全面、更完整地获取生物体解剖结构水平和分子细胞水平的生理病理信息，实现了优势互补。③多模态荧光粉子影像系统。2009 年世界知识产权组织（world intellectual property organization）最佳发明奖（完成单位：中国科学院自动化研究所）。

（五）CT 技术最新研究进展

计算机断层影像（computed tomography，CT）技术自发明以来，在活体成像和无损检测等领域具有不可替代的地位。光源、探测器等关键部件的进步和计算机的发展推动了 CT 成像效果的提高和功能的扩展。近年来，CT 领域有以下几个方面的显著进展。

1. CT 基本理论方法的最新研究进展

CT 成像从二维全面向三维发展，体成像已成为一种趋势。其中基于 PI 线或 R 的重建是三维重建的一个重要新理论，成为解析重建方法的一个重要突破性工作。

基于目标优化的迭代重建，尤其是基于全变差最小化的方法，在解决稀疏采样和数据缺失问题上取得了重要的进展和成果。

2. CT 成像模式的最新研究进展

CT 成像模式已从传统的衰减成像扩展到相衬成像和暗场成像，从传统的单能谱成像扩展到了双能 / 多能 / 能谱 CT 成像，并已在实验系统甚至实际系统取得良好的成像效果。不仅在成像理论方法上系统完成了对相位衬度、物质分类能力等的解析，也从硬件平台和系统建设上取得了很好的进展。

3. CT 系统相关的关键部件研究进展

在 CT 系统相关的关键部件研究上，碳纳米管冷光源、结构光源、像素化高计数率光子计数探测器等新技术的出现和发展，给 CT 领域带来了新的活力和方向，也赋予了 CT 作为一种重要成像技术更大的潜力。

4. CT 成像质量的关键技术研究进展

在影响 CT 成像质量的关键技术研究方面，近年报道的几何伪影、非理想器件伪影等的校正方法与实际系统结合紧密，获得了切实的良好校正效果，是 CT 成像质量获得很大提高的一个重要保障。

5. CT 系统的研制和应用方面的研究进展

1）成像目标向微尺度和大尺度继续延伸。对于显微 CT，分辨率已可达到几十纳米；对于大型 CT，覆盖工件的成像视野可达到几米的直径范围。各种类型的 CT，既适应了生物、材料的成像需求，又为航天、航空、兵器、船舶等行业的发展提供可靠的三维透视

"眼睛"。

2）CT 的数据扫描方式由传统架构扩展到多种形式的架构，以适应现代应用的需求，例如直线 CT、多光源快速 CT 取得突破性的进展。

6. 2008 年以来 CT 技术研究获得的科技奖励

CT 技术研究近年来获得了一系列科技奖励。例如：①大型装备缺陷辐射检测技术。清华大学的大型装备缺陷辐射检测技术[11]于 2010 年获中华人民共和国国务院颁发的技术发明一等奖。项目利用高能辐射方法，发明了新型检测技术，解决了"在大型物体中检测微小缺陷"的核心问题，是当前我国大型装备生产、研制中最有效的缺陷检测手段，在一批重点型号装备的研制生产、重要试验和延寿中发挥了不可替代的作用。技术成果已实现批量化生产，相关技术还扩展到不同能量段的多个产品系列，广泛应用到航天、航空、兵器、铁路等单位。项目的成功，满足了我国国防建设的急需，对提高大型装备的可靠性、保障国家安全具有重要意义。②液体安全检查系统。2008 年中华人民共和国信息产业部重大技术发明奖和 2009 年中华人民共和国教育部技术发明奖一等奖（完成单位：清华大学）。③产生具有不同能量的 X 射线的设备、方法及材料识别系统。获 2012 年中华人民共和国国家知识产权局与世界知识产权组织颁发的中国专利金奖（完成单位：清华大学，同方威视技术股份有限公司）。

（六）体视学学科的学术建制与人才培养进展

1. 学会与学术交流平台建设

（1）中国体视学学会建设

中国体视学学会（Chinese Society for Stereology，CSS）是 1987 年 6 月 12 日获得国家科委批准成立的国家一级学会。学会的业务主管单位是中国科学技术协会，登记管理机关是民政部。中国体视学学会成立后，曾先后挂靠北京钢铁学院（现北京科技大学）、中国人民解放军总医院、深圳大学等单位。2004 年开始学会挂靠到清华大学，学会办事机构设在清华大学工程物理系。中国体视学学会自成立以来，共召开 6 次全国会员代表大会。学会历届理事长依次为：张文奇教授、李静波（第一届代理事长）、马承宣教授、谢维信教授、赵荣椿教授（第三届代理事长）、顾秉林教授、康克军教授（第五、第六届）。至 2013 年 10 月，学会有个人会员 1360 人，理事 85 名，常务理事 28 名。

自学会成立至今，先后成立了 6 个分会。早期陆续组建有生物医学分会、材料科学分会和图像分析分会。1997 年 4 月接纳 CT 理论与应用分会隶属于我学会。2003 年 3 月学会成立了仿真与虚拟现实分会和金相与显微分析分会。另外，1996 年学会创办了会刊《中国体视学与图像分析》；2005 年开通了学会网站[8]。

近几年，学会在组织建设、学科建设和学会能力建设方面积极开展工作。2009 年学会成立了学术委员会和会员工作委员会；正式加入中国科学技术协会，成为团体会员；与

《中国图书馆分类法》第五版修订组专家沟通交流，解决了我国体视学文献分类问题；参加人民网"理事长谈学会"大型网络系列访谈活动，向公众介绍体视学。2010年开展了第一届《中国体视学与图像分析》优秀论文评选；2011年举办了国际体视学大会；组织专家设计制作了"体视学创新成果科普挂图"；经国家科技部审核批准，设立了"中国体视学学会科学技术奖"；2012年开展了首届中国体视学学会科学技术奖评奖工作；2013年举办了第十三届中国体视学与图像分析学术会议；召开了第六次全国会员代表大会，顺利完成了换届选举。

近几年来，中国体视学学会的工作得到了中国科学技术协会的大力支持。2009—2013年，学会承担并完成了中国科学技术协会委托的学会创新发展、体视学科普、继续教育、学术交流、会员服务等一系列项目。期间，康克军理事长和王忠秘书长在2011年5月召开的中国科协第八次全国代表大会上双双当选中国科学技术协会第八届全委会委员；刘国权教授和王德文教授分别于2010年和2012年被中国科学技术协会授予"全国优秀科技工作者"称号。

（2）与国际体视学学会的交流与合作

中国体视学学会一直高度重视与国际体视学学会（The International Society for Stereology，ISS）[1]的联系与合作。自1983年我国科技工作者与ISS时任主席H.E. Exner教授（德国）建立联系之后，我国多名学者陆续以个人名义加入ISS，1989年中国体视学学会材料与图像分析分会（后更名为材料科学分会）成立后即以Chinese MIT Group的名称成为ISS团体会员（其中MIT是Materials and Image Technology的简称），中国体视学学会则于2009年3月加入ISS成为ISS团体会员。中国体视学学会副理事长刘国权教授在1989—2011年期间担任ISS在中国的地区代表，2004—2007年期间担任ISS副主席；中国体视学学会副理事长唐勇教授则于2008年当选ISS副主席，至今连任。

与国际体视学学会的良好互动，进一步促进了我国与国际学术界的交流和合作，也促成了2003年第11届国际体视学大会北京卫星会议和2011年第13届国际体视学大会在我国的胜利召开，有力地支持了中国体视学学会的学术交流平台建设。

2. 学术会议等交流平台的建设

（1）承办第十三届国际体视学大会

国际体视学大会（International Congress for Stereology）由国际体视学学会主办，是国际体视学界的学术盛会，每四年召开一次，前12届大会主会场均设在欧美或澳大利亚（其中2003年由中国体视学学会主办了第十一届国际体视学大会北京卫星会议）。我国科技工作者首次参加国际体视学大会是1983年在美国佛罗里达盖恩斯维尔市（Gainesville，Florida，USA）召开的第六届国际体视学大会（林天辉提交poster论文1篇，刘国权实际与会）。

2009年6月我学会首次获得第十三届国际体视学大会举办权。2011年10月19—23日，第十三届国际体视学大会在北京举行（XIIIth ICS Beijing or ICS 13，China，Oct 19—

23，2011）[9]，由中国体视学学会、清华大学、北京科技大学等共同承办。这是国际体视学大会第一次在亚洲地区召开，充分说明了体视学理论和方法在全球范围内的快速普及和发展，特别是亚洲地区已经成为体视学方法发展和应用的重要地区。大会吸引了来自丹麦、法国、德国、美国等 17 个国家的 212 篇论文投稿。国际体视学学会所有执委和来自 16 个国家的约 200 位代表参加了大会（其中国外代表 63 名）。现代体视学奠基人之一 H.Gundersen 教授以及 11 位在体视学、生物医学、材料科学、图像技术等领域的世界级专家为大会做了精彩的专题报告。

第十三届国际体视学大会设立了体视学方法、生物医学、材料科学、图像与 CT 技术四个分会场，和一个张贴报告分会场。大会还设立了“青年体视学家竞赛”讲坛。来自丹麦、德国、法国、中国等 19 名青年体视学家参加了竞赛。经国际体视学学会组织的专家评审，评选出获奖者 8 名，包括一等奖 2 名、二等奖 2 名、三等奖 4 名。我国年轻学者曹姗姗、王浩分别荣获一等奖和二等奖。

第十三届国际体视学大会期间，正值国际体视学学会成立 50 周年。国际体视学学会举办了回顾体视学发展 50 周年的学术活动，美国的 Dallas Hyde 教授就“体视学发展 50 年”为题，介绍了体视学学科发展历史，并展望了发展前景；丹麦的 Jens R. Nyengaard 教授以“1961—2011 生物医学体视学发展”为题，详细介绍了体视学在生物医学领域的应用与发展；法国的 Dominque Jeulin 教授做了题为“1961—2011 材料体视学发展”的报告，着重介绍了 50 年来体视学在材料科学领域的应用和发展；我国的刘国权教授做了题为“中国体视学回顾与展望”的邀请报告，对我国的体视学学科的发展以及中国体视学学会的建设与发展进行了历史性的回顾。

第十三届国际体视学大会召开期间，国际体视学学会召开了工作会议，并选举产生了新一届（2012—2015）国际执委[10]。中国体视学学会副理事长唐勇教授再次当选新一届国际体视学会副主席。这是继刘国权教授 2004 年首次当选国际体视学学会副主席以来，我国学者连续三次当选国际体视学学会副主席。

第十三届国际体视学大会的成功召开，增加了国际体视学学会与我学会的交流与合作，促进了体视学的发展，进一步提升了我学会的影响力。前国际体视学学会主席 Dominique Jeulin 教授在参会回国后给我学会的邮件中写道：“非常感谢你们的热情及本次堪称完美的国际体视学大会”。新当选的国际体视学学会主席 Eric Pirard 教授也在参会回国后给我学会发来了祝贺邮件：“我借此机会祝贺你们非常成功地举办了本届国际体视学大会。本次大会的举办方——中国体视学学会及会议中所作学术报告的中国体视学家们都给我留下了很深的印象。”

（2）中国体视学与图像分析学术会议系列

中国体视学与图像分析学术会议是我学会举办的多领域交叉的学术会议，每两年召开一次，现已举办 13 届。每届学术年会既有探讨体视学共性原理、共性技术的大会交流，也有相关领域的分会场研讨；既有学术交流，也有科普讲座。与会人员主要来自生物医学、材料科学、图像分析、CT 理论与应用、仿真与虚拟现实等领域专家学者。会议旨在搭建一流的学术交流平台，展示和交流体视学及其相关领域的创新成果，推动多学科交流、交叉与融合，促进体视学科技人才的进步与成长，使体视学学科及其应用得到更大的发展与进步，从而为我国科学技术的繁荣，做出更大的贡献。

2008 年 9 月 17—20 日，在佳木斯举办了第十二届中国体视学与图像分析学术会议。会议共征集论文 191 篇，其中 154 篇被收录到《第十二届中国体视学与图像分析论文集》，经专家委员会评审，共评选出优秀论文 19 篇。会议设立了生物医学、材料科学、图像分析与 CT 理论及应用三个分会场。会议期间学会还专门请部分教授、专家为佳木斯大学的学生们组织了 7 场科普讲座。

2013 年 9 月 23—25 日在山西太原举办了第十三届中国体视学与图像分析学术会议，并出版了会议论文集。会议共征集论文 116 篇，最终交流论文 106 篇。为期两天的学术会议还设立了材料体视学、生物医学体视学、体视学图像分析与仿真虚拟现实技术、体视学与 CT 理论及应用 4 个专题研讨分会场。各位专家分别交流了近两年体视学理论方法在不同领域所取得的最新进展和研究成果。会议评选出了 8 篇优秀学术论文。

（3）其他体视学与相关学术会议系列与国际国内竞赛活动

中国体视学学会高度重视参与和组织体视学与图像技术相关的国内外竞赛活动。2011 年，学会派出多名选手积极参与了第十三届国际体视学大会期间由国际体视学学会组织的“青年体视学家竞赛”，有 2 位中国选手分获一等奖和二等奖。2011 年，中国体视学学会与北京科技大学、中国材料研究学会、中国电子显微镜学会等共同发起并举办了首届国际大学生材料显微结构摄影大赛。2012 年 12 月，作为协办单位，中国体视学学会与中国腐蚀与防护学会共同参与举办由高等学校实验室工作研究会、北京科技大学、清华大学联合主办的首届全国大学生金相技能大赛，教育部高等教育司实验室李平处长、国家级实验教学示范中心联席会秘书长王兴邦教授，材料学科实验室教学研究会理事长潘伟教授，材料学科实验教学研究会秘书长龚江宏教授和多所大学的校领导到会指导，学会派出中国体视学学会副理事长、前国际体视学学会副主席刘国权教授担任首届全国大学生金相技能大赛专家委员会主席。2013 年 10 月该全国性大赛已在东南大学成功举办第二届（48 所高校参赛），刘国权教授再次应邀担任大赛专家委员会主任委员。另外，中国体视学学会还举办有《中国体视学与图像分析》优秀论文评选活动。

中国体视学学会的 6 个分会不仅注重学术交流形式，而且注重建立品牌学术活动。在创建品牌学术活动方面，生物医学分会有“全国生物医学体视学学术会议、全军定量病理学术会议、全军军事病理学学术会议”三会合一的交叉学术会议等系列；CT 理论与应用分会有“全国射线数字成像与 CT 新技术研讨会”系列和“CT 和三维成像科技新进展奖”评选活动；图像分析分会和仿真与虚拟现实分会有“全国信号与信息处理联合学术会议”系列；材料科学分会有“全国材料科学与图像科技学术会议”系列和国际大学生材料显微结构摄影大赛活动；金相与显微分析分会有“全国金相与显微分析学术年会”系列和“蔡司・金相学会杯”全国高校大学生金相大赛等评选活动。

例如，生物医学分会根据实际需求，利用挂靠单位的优势（即中国体视学学会生物医学分会、全军军事病理学专业组和全军定量病理学专业组均挂靠在军事医学科学院），于2000年建立了“三会共办，同会交流，相互渗透，促进发展，同步提升”的办会模式，创建了三个相关学会联合举办学术会议新模式（“三会合一”），已连续5届，促进了我国定量军事病理学的形成和完善。论文稿件675篇，来自我国（包括台湾、澳门地区）及美国610余代表到会，既可充分发挥生物医学体视学，定量病理学、军事病理学间的各自优势，加大学科间渗透力度，加强体视学新技术在生物医学基础、药学领域研究和临床医学等领域以及军事医学其他领域研究中的应用，同时，也有利于吸收更多的代表参会，促进各学科间相互交流与启示，收到“一次参会，多面收效”的效果。2012年8月在云南省昆明市召开第八届全国生物医学体视学学术会议暨第七届全军定量病理学术会议、第十一届全军军事病理学术多学科交叉学术会议，成功展示了近年来广大科技工作者在生物医学体视学和定量病理学新理论、新技术、新方法及其应用方面的新进展；军事病理学或特种医学、地方特殊伤病病理学研究新成果、新进展、新技术方法及其应用；恐怖袭击、灾难等非传统军事战争行动伤害及其病理学与应急救援新成就、新进展等。

中国体视学学会材料科学分会于1989年10月召开了“第一届全国材料科学与图像科技学术会议”，以后每3年召开一次，现已召开8届。第八届全国材料科学与图像科技学术会议于2012年10月在山东威海荣成召开，会议期间还举办了“国家大学科技园——荣成市产学研项目对接会”，来自各高等学校国家大学科技园的主管领导和专家教授，在会上发布了各自的产学研项目，受到30多家企业代表的欢迎。材料科学分会还举办了全国系列性的电子背散射衍射技术（EBSD）会议，成立了EBSD技术检测委员会，出版了EBSD技术专著，主持和参与了EBSD技术相关ISO国际标准的建立，组织开展了我国EBSD技术应用的培训。另外，2011年10月材料科学分会参与承办了由北京科技大学与中国材料研究学会、中国电子显微镜学会、中国体视学学会共同发起的首届国际大学生材料显微结构摄影大赛，有来自Massachusetts Institute of Technology、Kyushu University、Hokkaido University、中国科学院、钢铁研究总院、清华大学、北京大学、北京航空航天大学、北京科技大学等国内外30多所大学及研究机构的一百多名学生参与，收到作品300多件。前国际体视学学会主席Bente Parkkenberg教授（丹麦）、前国际体视学学会主席John F. Bertram教授（澳大利亚）和前国际体视学学会副主席Arun M. Gokhale教授（美国）亲自为获得一等奖的10位学生代表颁奖。

中国体视学学会金相与显微分析分会每两年举行一次“全国金相与显微分析学术年会”，现已召开了13届。参会人员主要来自高校材料专业的教师和科研人员，每届会议评选优秀论文。第十三届全国金相与显微分析学术年会于2012年8月在昆明召开。150多位来自材料领域专家学者出席了会议，会议交流论文120余篇。会议期间，来自国内外的8家材料显微仪器设备企业展示了各自最新仪器设备和分析软件。2010年8月，金相与显微分析分会在河北保定召开了首届全国材料科学中的数学应用研讨会，来自全国的50多位学者出席了会议。四位教授就体视学、计算材料学、材料科学涉及的部分数学方法等做了大会报告，二十多位学者在会议上交流了各自的研究成果。2013年10

月，由中国体视学学会金相与显微分析分会发起主办的首届“蔡司·金相学会杯”全国高校大学生在辽宁科技大学成功举办，全国26所高校的百余名大学生选手参加了比赛。

2000年以来，中国体视学学会CT理论与应用分会召开全国性学术会议和各类专题研讨会二十余次。2009年起，每年举办一次全国射线数字成像与CT新技术研讨会。参会人员主要来自射线数字成像与CT技术以及医学、工业、军事等领域的科研人员，每次会议评选优秀论文。2012年全国射线数字成像与CT新技术研讨会于2012年10月在四川省绵阳市举行。此次研讨会交流内容涉及CT理论算法以及这些理论在工业检测、医学、地学、考古等多领域应用的内容以及射线图像质量评价方法和标准化等内容。2000年起设立“CT和三维成像科技新进展奖”是经国家科学技术奖励办公室核准并备案的科技进展类奖（国科奖社证字第011号），至2010年共进行4次评奖和颁奖活动。

中国体视学学会图像分析分会和仿真与虚拟现实分会通过联合相关学会的形式，召开全国信号与信息处理联合学术会议，至今已召开8届。会议内容涵盖了有关信号处理、图像处理、模式识别、计算机视觉以及它们在民用和国防各领域的应用。参会人员主要来自多媒体处理、生物医学工程等领域的多位从事信号与信息处理的专家学者，每届会议出版会议论文集，并评选优秀论文。第八届全国信号与信息处理联合学术会议于2009年7月在厦门召开，主题为“信号与信息处理技术及其应用的最新研究进展”。中国科学院沈绪榜院士、中国工程院宫先仪院士以及多媒体处理、生物医学工程等领域的多位从事信号与信息处理的专家等到会作特邀报告和专题报告。

3. 学术期刊建设

《中国体视学与图像分析》（季刊）创刊于1996年（国际刊号：ISSN 1007—1482；国内刊号：11—3739/R），由中国体视学学会主办，是我国唯一一种全面反映体视学理论和图像应用技术研究的多学科交叉综合性学术刊物。该刊是国家科技部“中国科技论文统计源”期刊暨中国科技核心期刊；RCCSE中国核心学术期刊（扩展版）；被《中国学术期刊综合评价数据库》全文收录、中国期刊网中国学术期刊（光盘版）全文收录、《中国学术期刊文摘》收录、《中国生物医学文献数据库》收录;《CAJ-CD规范》执行优秀期刊。该刊首任主编为张一教授（原北京医科大学，现北京大学医学部），2000年至今主编为刘国权教授（北京科技大学）。

该刊物已成为体视学及相关领域学术成果交流、渗透、技术转化以及体视学的普及和发展的重要学术交流平台。2009—2013年期间，《中国体视学与图像分析》共出版18期（14 ~ 18卷2期），刊发学术论文325篇，包括生物医学领域130篇，材料科学与工程领域54篇，图像分析领域86篇，CT技术26篇，仿真技术20篇，其他论文9篇；其中国家自然科学基金、“863”国家重点科研、国家“973”重大基础研究、全军指令性科研基金、“九五”国防科研攻关、航空基金、国防科技重点实验室基金、省市自然科学基金及国外基金等各类基金项目资助的论文215篇，论文基金比达66%。《中国体视学与图像分析》杂志还定期组织优秀论文评选活动。2010 年 9 月，2005—2009 年度第一届中国体视学学会《中国体视学与图像分析》期刊优秀论文评选活动圆满结束。

2009—2013 年期间，该刊每期刊登论文的数量从原来的平均 16 篇增加到现在的平均 18 篇左右，页码也由 64 页扩展到约 100 页。

另外，中国体视学学会也非常重视在体视学领域的国际期刊中发挥作用和影响。该学会刘国权教授曾任（2000—2007）、唐勇教授现任国际体视学学会会刊 *Image Analysis and Stereology*（ISSN 1580—3139）的国际编委，刘国权教授自 2001 年至今兼任 *Practical Metallography*（*Praktische Metallographie*，SCI 源刊：ISSN 0032-678X）的国际编委。

4. 人才培养与体视学的推广普及

（1）运用网络与专著出版传播体视学知识

2009 年，中国体视学学会制作了《材料体视学入门》《生物医学体视学》《图像处理与分析基本原理》等体视学基础课程录像，放在学会网站[8]免费播放和下载，并刻录为光盘免费发放。

2011 年，学会把总长 480 分钟的第十三届国际体视学大会的 12 个特邀报告的全部视频资料，以及 90 分钟的庆祝国际体视学学会成立 50 周年的 4 个纪念性学术报告，放到了学会网站上提供免费在线观看和下载[8]。

2012 年，学会资助杨正伟教授在科学出版社出版了体视学专著《实用体视学方法》。

（2）体视学培训

2011 年 10 月，中国体视学学会邀请法国巴黎矿业大学数学形态学研究所的专家，在清华大学成功举办了为期 2 天的“国际数学形态学培训班”。来自材料科学、生物医学、图像分析、数学等领域从事形态学分析研究的科研、教学人员约 40 人参加了培训，其中近 20 人获得了由国际体视学学会和法国巴黎矿业大学共同颁发的培训证书。

2010 年 10 月，中国体视学学会在重庆医科大学成功举办了为期 3 天的体视学应用（生物医学）高级培训班。这次培训活动首次把专家讲授和学员动手实习结合起来，并首次采用最新的体视学仪器为学员们进行操作演示。培训结束后，学员们纷纷表示参加培训活动受益匪浅，不仅巩固了体视学基础知识，进行了实验训练，对掌握、应用体视学理论知识起到了良好的推动作用。

中国体视学学会各分会亦通过各种途径培养体视学人才。例如，自 20 世纪 80 年代以来，生物医学体视学分会面向全国 32 省（自治区、直辖市），共举办 19 期培训班普及体视学技术。近 10 年来，已成功举办了 4 届中美体视学和定量分子病理培训班，3 届全国生物医学体视学培训班，9 期“数字影像与图像处理技术”学习班（累计 900 余人次）。作为国家继续教育内容的“细胞定量技术及其应用”在 2010 年全年在北大医学部网络学院远程教育在线授课。连续 20 余年为军事医学科学院硕士研究生开设“体视学与图像分析”课程。综上，生物医学分会通过举办系列体视学与图像分析技术及其应用培训班 / 学习班及其他多种形式，已为来自我国 32 个省（自治区、直辖市）、7 大军区和各总部直属医学院校及科研院所甚至部分县级医院和驻军医院从事生物医学研究的工作者（不少于2000人次）进行了普及和提高，逐步实现了我国生物医学科技工作者在科研中由原来仅定性半定量描述提高到全定量阐述的目标，并应用到各自的研究领域，大幅度提高了研究水平。普及和应用的学科领域包括生物学和医学、基础医学（病理学与病理生理学、解剖学、组织学、免疫学、生理学、细胞学、分子生物学、微生物学、寄生虫学等学科，由宏观整体、器官、组织深入到细胞、亚细胞、蛋白、基因水平的定量检测）和临床医学（包括所有器官系统的内科、外科、神经科、肿瘤科等以及定量诊断、疗效评价、预后判断等各方面）。特别是在军事医学及其病理学领域，已由“常规军事环境与作业”伤害病理研究扩展到新型航天医学、反恐救援医学及其他各种非战争军事行动医学中的体视学应用。

（3）学会设立的科技奖励

经科技部审核批准，中国体视学学会于2004年设立了“CT和三维成像科技新进展奖”。2010年11月，中国体视学学会举行了第四届“CT和三维成像科技新进展奖”评审暨颁奖活动，经过学术评议委员会三轮评议，最终有8名候选人代表获奖。

于2011年5月，中国体视学学会申请将“CT和三维成像科技新进展奖”更名为“中国体视学学会科学技术奖”，获得国家科技部审核批准”（登记证书编号：国科奖社证字第0115号）。“中国体视学学会科学技术奖”每两年评选一次。

2012年，经学会各分会推荐，奖励工作办公室审查，专家初评，会议评审和答辩，在学会网站和《中国体视学与图像分析》上公示，最后经奖励委员会审核，有4项成果获得2012年中国体视学学会科学技术奖奖励，其中军事医学科学院放射与辐射医学研究所完成的“体视学技术在军事病理学及相关领域中的推广应用”项目、北京固鸿科技有限公司与清华大学共同完成的“铁路关键部件快速DR/CT系统产业化”项目获得一等奖；武汉科技大学完成的“低合金高强度钢微观组织的三维形态及长大行为”项目、南京军区南京总医院完成的“体视学在临床病理领域中的应用研究”项目获得二等奖。2013年9月，学会在第十三届中国体视学与图像分析学会会议上举行了颁奖仪式。

为推动体视学学科发展，提高学科论文质量，吸引更多优秀论文在学会刊物上发表，2010年中国体视学学会举办了“第一届《中国体视学与图像分析》（2005—2009）优秀文论文”评选活动。经过由18名专家组成的论文评审委员会评审，共评选出优秀论文11篇。

（4）会员获奖示例

中国体视学学会高度重视会员积极参与到我国的科技进步进程之中。据初步统计，近年来中国体视学学会会员的一批科技成果获得一系列重要科技奖项。例如：

学会理事长康克军教授团队完成的“大型装备缺陷辐射检测技术”项目获得2010年度国家技术发明奖一等奖[11]；学会常务理事田捷研究员团队完成的“小动物多模态光学分子影像成像方法与系统”获得2010年度国家技术发明奖二等奖；学会会员赵景民教授团队完成的“中国人群肝病谱构建与HBV相关肝病集成防治策略的建立及应用”获得2012

年度国家科技进步奖二等奖；学会常务理事张跃教授团队完成的“大面积强流场发射冷阴极的研制”获得 2009 年度教育部技术发明奖二等奖；学会会员赵景民教授团队完成的“非酒精性脂肪性肝病发病机制与干预阻断研究及应用”获得 2012 年度教育部科技进步奖一等奖；学会会员赵景民教授团队完成的“25946 例中国军民肝穿病例肝病谱、临床病理、流行病学及转归研究”获得 2009 年度总后军队医疗成果奖一等奖；学会常务理事彭瑞云教授团队完成的“中子放射损伤的分子病理特点和防治措施研究”获得 2009 年度总后科技进步奖二等奖；学会常务理事彭瑞云教授团队完成的“军用电磁辐射武器装备健康危害评估和综合防治措施研究”获得 2013 年度总后科学技术进步奖一等奖；学会常务理事焦宗夏教授团队完成的“高可靠先进液压系统新技术及其在现代军机、民机和航天器中的应用”获得 2010 年度国家科学技术进步奖二等奖；学会理事龚光红教授团队完成的“复杂 ×× 环境下 ×××× 仿真技术研究”获得 2012 年度国防科学技术进步奖二等奖。学会会员解恒革副教授团队完成的“老年期痴呆的临床与基础系列研究”获得 2012 年度总后军队医疗成果奖；学会常务理事张跃教授主持研究的“低维功能纳米材料的结构性能调控及器件基础”获得 2010 年度北京市科学技术奖一等奖；学会副理事长唐勇教授主持研究的“TAU 蛋白病异常神经网络新靶点研究”获得 2010 年度重庆市自然科学奖一等奖；学会会员赵景民教授团队完成的“脂肪性肝病发病机制、病理特点及临床对策研究”获得 2011 年度河北省科技进步奖一等奖；学会会员毕龙副教授参与研究的“抗感染活性骨系列实验研究及临床应用”获得 2009 年度陕西省科技进步奖一等奖；学会常务理事韩焱教授团队完成的“X 射线工业 CT 成像装置和方法研究”和“管状结构综合参数自动检测技术与系统”分别获得 2011 年度和 2013 年度山西省科学技术奖二等奖；学会理事张红新教授团队完成的“淋巴管生成与食管癌转移关系的研究”和“Paxillin（桩蛋白）与食管癌浸润、转移关系的研究”分别获得 2010 年度和 2011 年度河南省教育厅科技成果奖一等奖；学会赵咏秋教授、刘国权教授团队完成的“金属中金相组织含量和级别的图像分析与体视学测定系列国家标准”项目获得 2012 年度中国钢铁工业协会、中国金属学会冶金科学技术奖；等等。

（七）体视学学科研究平台、重要研究团队建设进展

1. 生物体视学学科研究平台与研究团队

国内进行生物医学体视学及相关领域研究的单位主要有军事医学科学院、南方医科大学、重庆医科大学、中国医科大学、暨南大学、川北医学院、北京航空航天大学、南京军区总医院、锦州医学院、济南军区总医院、广州军区总医院、空军总医院、汕头大学医学院、第四军医大学、第三军医大学、北京大学、北京中医药大学、山西医科大学等单位，有开展生物医学体视学研究的仪器设备、专业技术人才和科研项目支持。主要研究平台和研究团队介绍如下。

（1）军事医学科学院放射与辐射医学研究所

军事医学科学院放射与辐射医学研究所实验病理学研究室为生物医学分会的挂靠单

位，现为国家生物医学分析中心图像分析实验室、全军重点实验室、军队疾病预防控制中心专业实验室、国家级重点学科（病理学与病理生理学）、博士后流动站、总后优秀人才工作站和军事医学科学院生物效应和医学防护研究中心。近5年来，该研究团队获军队疾病预防控制中心和军队重点实验室专项条件建设经费1500余万元；承担国家科技重大专项、国家科技支撑计划、“863”、“973”、“709”和国家自然科学基金15项，军队专项、重点、科技攻关和公安部科技攻关以及北京市自然科学等项目11项，其他协作课题6项，获科研经费2000余万元。现有设施良好的多种损伤的动物和细胞模型制作实验室、多脏器生理和生化功能检测实验室、形态结构分析实验室、分子生物学实验室、细胞培养实验室、形态定量和图像分析实验室、药效和毒性评价实验室等。为开展相关研究提供了有力支撑，并为将体视学技术用于科研实践奠定了良好基础。

（2）重庆医科大学干细胞与组织工程研究室

重庆医科大学干细胞与组织工程研究室依托基础医学博士点、组织工程与细胞工程博士点和基础医学硕士点。近五年承担国家级、省部级项目17项，参加国家重大基础研究项目（“973”项目）1项。已在国内、国际性刊物上发表论文90余篇，被SCI论文引用833次，最高单篇被引用124次。参编英语专著2部，参编中文教材和专著5部。

（3）吉林大学中日联谊医院中心研究室

吉林大学中日联谊医院中心研究室是吉林省临床检验诊断学“十一五”重点学科的牵头学科；吉林省临床检验诊断学“十一五”重点学科的牵头学科；国家中医药管理局分子生物学三级实验室；吉林省临床分子生物学重点实验室；吉林省生物纳米技术临床分子诊断创新中心；吉林省中药药理二级实验室。该研究室是集教学、科研、临床分子诊断与干细胞、免疫细胞治疗于一体开放性的研究基地，是东北地区较早的设备条件较先进、实验室功能较齐全的综合临床研究中心与科研服务平台。主要研究方向包括：糖尿病分子发病机理及临床分子诊断研究和肿瘤分子发病机理及临床疑难疾病免疫生物治疗及干细胞治疗研究。实验室拥有的16个专门实验室和1500多万元的仪器设备几乎是24小时全程开放。

（4）北京航空航天大学图像处理中心

北京航空航天大学图像处理中心成立于1984年，20世纪80年代初引入加拿大ARISE系列遥感图像处理工作站，是我国最早一批开展医学和遥感图像处理技术研究的单位之一，建有“数字媒体”北京市重点实验室，和“航天器设计优化与动态模拟”教育部重点实验室，项目研究主要集中在航天遥感和医学图像的处理、分析、识别及可视化领域。目前，与国际第五大显微镜制造集团组建了“Motic-北航图像技术研发中心”，重点开展数字病理切片图像分析、基于内容的病理图像检索与辅助诊断技术研究。“十一五”以来，完成和承担了20余项国家自然基金项目、9项国家“863”项目和3项国防预研项目等。开发的“CMIAS北航医学病理图像分析系统”产品，获国家医疗器械注册准字号（京药管械（准）字2001第2210233号），国内用户超400家。开发的皮肤镜图像分析系统产品亦在空军总医院等多家医院获得临床应用。

（5）川北医学院形态定量研究室

1998年正式成立。率先在国内使用体视学图像系统——根据体视学原理设计的可叠加测格、可等距移动载物台等的图像系统，并率先在国内采用光学体视框技术（可有效且无偏计数粒子的体视学新技术）估计细胞核等的数量。于2007年购进丹麦Visiopharm的体视学图像系统。团队负责人杨正伟教授主编出版了《生物组织形态定量研究基本工具：实用体视学方法》专著（科学出版社，2012）。

（6）暨南大学医学院和广州市泰柯计算机科技有限公司

研究团队由暨南大学医学院的教师与研究生和广州市泰柯计算机科技有限公司的工程技术人员两部分组成。承担生物医学体视学相关国家或省部级课题5项，获得相关专利2项，参编专著3部，开设有研究生课程“细胞组织定量分析技术”等。

（7）中国人民解放军空军总医院皮肤科

研究团队由中国人民解放军空军总医院皮肤科（即全军皮肤病研究所）和北京航空航天大学宇航学院图像中心联合组成。近年始终跟踪国际科学技术前沿皮肤影像学的基础与临床应用研究，在国内率先开展了皮肤影像学与皮肤镜图像分析技术的临床应用基础研究，先后取得系列突破性研究进展，尤其在皮肤肿瘤的诊断精度上表现出较高的灵敏度与特异度，有些皮损的诊断符合率高达100%，平均诊断符合率达92.72%，比临床肉眼判断提高了27.25%，在技术上已达到国际先进水平。截至目前，已完成皮肤镜图像分析临床检查病例近2万例；撰写国内首部“皮肤镜学彩色图谱”；与北京航空航天大学共同培养博士和硕士研究生8名。

2. 材料体视学学科研究平台与研究团队

国内进行材料体视学及相关领域研究的单位主要涉及体视学研究与应用、计算材料学、电子背散射衍射技术、晶界工程等研究方向，包括北京科技大学、清华大学、武汉科技大学、重庆大学、东北大学、中国科学院金属材料研究所、北京工业大学、山东理工大学、上海大学、福建工程学院、上海宝钢集团、南京理工大学、中国核动力研究设计院等单位。

（1）北京科技大学及相关团队

北京科技大学（原北京钢铁学院）为创建中国体视学学会的依托单位，中国体视学会材料科学分会（原材料与图像分析分会）的挂靠单位。该校两任领导（北京钢铁学院院长张文奇、北京科技大学校长李静波）分别担任中国体视学学会首届理事长和代理事长；陈国良院士和刘国权教授分别担任材料与图像分析分会的首届理事长和首届秘书长。全国首届教学名师余永宁教授曾应邀在1981年第一届体视学与图像分析全国学术会议上介绍体视学，并于1989年出版了体视学专著《体视学：组织定量分析的原理和应用》（与刘国权合著，冶金工业出版社），在中国体视学学会创建和发展中发挥了重要作用。北京科技大学材料优化设计团队则长期在经典体视学研究与推广应用、计算机模拟组织演化、显微组织三维重建等方面开展研究。其近年来研究发展的显微组织三维重建技术被美国科学出

版社 *Materials Express* 杂志作为封面论文予以重点推介；提出了新的拓扑依赖晶粒长大方程、一般性 Aboav-Weaire 方程、新的三维准稳态晶粒尺寸分布函数等多种理论模型，得到同领域国际学者的肯定，承建有国家材料科学数据共享网黑色金属材料数据共享资源中心。在 *Applied Physics Letters*、*Materials Express*、物理学报、金属学报等国内外学术期刊及国内外系列学术会议上发表学术论文逾 200 篇，包括在国际体视学学会官方刊物和英国皇家显微镜学会主办的 *Journal of microscopy*（Oxford，UK）上发表特邀综述报告，以及数十篇国内外会议的特邀报告或主题报告。北京科技大学材料学基础及材料各向异性研究室 20 余年来则长期从事 EBSD 技术及 X 射线衍射在各种晶体材料制备过程控制及使用过程检测中各向异性行为和织构现象的研究，包括 EBSD 技术与体视学在微电子薄膜、在线检测技术、高锰钢、镁合金、锆合金、钛合金及核反应堆用结构材料的应用研究。该研究室成员于 2005 年和 2007 年组织了我国第一届及第二届 EBSD 技术应用会议，在《中国体视学及图像分析》期刊上两次编辑出版 EBSD 专辑。出版了《电子背散射衍射技术及其应用》（杨平编著，冶金出版社，2007）。

（2）东北大学材料各向异性与织构教育部重点实验室

织构研究与应用领域具有较大国际影响力的实验室之一。近五年来，承担了 100 余项国家各类科技计划项目，已在国内、国际性刊物上发表论文 1000 余篇，申报发明专利 60 余项，已授权 40 余项；获国家和省部级科技成果奖励 8 项。相关研究成果构成了国际上织构理论与技术的重要组成部分，使实验室始终保持国内领先地位和国际先进水平。研究队伍中，2 人入选国家百千万人才工程（百人层次），3 人入选国家杰出青年科学基金资助计划，11 人入选教育部跨（新）世纪优秀人才支持计划，实验室所属研究集体入选教育部创新团队发展计划。

（3）重庆大学先进金属结构材料与微结构研究团队

该团队采用 3D-OMiTEM、3DAP、HAADF-STEM、FIB、3D-EBSD、In-situ EBSD、3D X-ray 等先进的分析表征手段，长期坚持先进金属结构材料基础研究及工程应用这一主要研究方向，形成了以微观组织结构的先进表征方法及应用为特色，以金属形变、相变与强韧化机理为重点和优势的科研方向，结合包括铝、镁、锆合金、高强钢丝、复合材料等金属材料的具体工程应用。为了推动 EBSD 技术在中国高校、科研院所和企业的广泛应用，该团队多次承担或参与组织了全国电子背散射技术高级应用培训班，代表重庆大学获得了首届东亚地区电子显微学会议的承办权，并以团队成员为核心建立了国内领先的多维数字表征平台，与多家国际著名仪器公司（如蔡司光学、牛津仪器、标乐公司等）建立联合实验室，共同研发并推广最先进的分析表征技术及应用。

（4）武汉科技大学应用物理系

武汉科技大学应用物理系在金属材料的相变及其显微组织的三维表征方面有较多的工作积累，利用连续截面、计算机辅助三维重建和可视化技术以及 EBSD 等方法和手段，围绕低合金高强度钢主要微观组织的三维形态及长大行为进行了系统的研究。揭示了低合金高强度钢中针状铁素体的形核、形态与相互联锁的组织特征与形成机制、晶内铁素体的形成机理与形态特征；发现了低合金高强度钢中退化铁素体的亚结构与形成机制；研究了晶界铁素体、魏氏铁素体、贝氏体的三维形态，丰富和发展了铁素体的形态分类学。部分研究成果已在武钢、宝钢、湘钢、涟钢、济钢、南钢等特大型钢铁企业得到成功应用。

（5）中国科学院金属研究所材料加工模拟研究部

中国科学院金属研究所材料加工模拟研究部致力于采用计算机模拟技术与实验研究相结合的方法，对铸造、锻造、轧制、焊接及热处理等金属材料热加工过程进行模拟，计算温度场、流场、应力场等各种物理场量，预测材料加工过程的各种成形缺陷、组织及性能等，优化材料加工工艺。开展国际先进水平的三维缺陷、组织演化可视化研究。主要研究内容包括铸件成形和组织演化模拟和工艺设计、大型钢锭宏观偏析形成机理与控制措施、锻造成形工艺模拟与工艺设计、焊接熔池传热、流动和组织演化、大型铸锻件热处理工艺模拟与工艺设计、固态相变模型与组织演化模拟、金属基超强材料的模拟与设计。

（6）北京工业大学计算材料学研究团队

北京工业大学计算材料学研究团队近十年来在将材料体视学理论和方法与热力学计算、可视化定量化仿真技术、多尺度数值模拟等手段相耦合应用于新材料设计研发方面取得了重要进展。开发出引入材料和处理工艺实际参数的可视化定量化仿真技术，实现了对特殊形状工件在形变热处理过程材料显微组织演变的全程仿真。将纳米材料亚稳相热力学计算与元胞自动机、相场模拟、分子动力学模拟等相耦合，建立了纳米晶组织热稳定性和相稳定性三维仿真软件包。构建了以硬质合金材料为代表的多组元复相组织结构的体视学表征体系，确定了显微组织参量与硬质合金力学性能之间的定量关系，指导开发了系列高性能硬质合金产品。申报国家发明专利37项，已授权25项、实现产业化3项；受邀参与撰写国际专著1部；在*Advanced Materials*、*ACS Nano*、*Nanoscale*、*Acta Materialia*、*Applied Physics Letters*等国际知名刊物发表SCI收录论文120余篇、EI收录论文140余篇，他引1000余次；国际国内学术会议特邀报告20余次。

（7）山东理工大学先进金属材料创新研究团队

山东理工大学先进金属材料创新研究团队组建于2004年。该研究团队主要贡献有：阐明了中等层错能面心立方金属材料晶界特征优化的微观机制是“G取向与R取向以及B取向与C取向（包括它们的几何变体）这些互成$\Sigma 3^n$（n=1，2，3）取向关系的晶粒或晶核的取向成长”，不仅为基于退火孪晶的金属材料晶界特征优化研究找到了着力点，也为今后的晶界工程深层次研究提供了新的科学依据。

（8）上海大学晶界工程研究团队

上海大学晶界工程研究团队组建于2005年。该研究团队的主要贡献：系统深入地研究了核蒸汽发生器传热管用690合金的晶界工程问题，掌握了加工方法影响晶界特征分布的基本规律以及晶界类型与晶界析出和晶界腐蚀之间的内在联系，为晶界工程技术在核能领域的应用奠定了重要的实验依据。

（9）福建工程学院晶界工程研究团队

福建工程学院晶界工程研究团队率先在国内把基于取向差三参数表征晶界特征分布的

传统的晶界工程研究提升到了五参数表征晶界特征分布的更加科学的层面上来，即晶界织构研究层面，使之成为材料科学领域新的技术增长点，具有十分重要的科学和工程意义。

（10）体视学与自动图像分析类国家标准研究制定团队

由湖北新冶钢有限公司、北京科技大学、冶金工业信息标准研究院等单位为核心，以赵咏秋、刘国权、栾燕等为核心成员的研究团队，自20世纪80年代在原冶金工业部和北京科技大学新金属材料国家重点实验室的支持下开始科研合作，在过去的10余年内起草制定了GB/T 18876系列国家标准3个（《应用自动图像分析测定钢和其他金属中金相组织、夹杂物含量和级别的标准试验方法》，均已正式发布实施），在推动体视学与图像分析技术应用的国家标准制定方面做出了贡献。

3.图像分析学科研究平台与研究团队

国内体视学领域从事图像分析研究的单位主要有中科院自动化所、西北工业大学、北京航空航天大学、中科院遥感所、上海交通大学、深圳大学、西安电子科技大学等。这些单位经过几十年的研究积累，搭建了各种图像分析及应用的平台，形成多个研究团队，并培养了大批的专业技术人才。下面介绍几个主要的研究平台和研究团队。

（1）中国科学院自动化研究所模式识别国家重点实验室

1984年由国家计委批准筹建，1987年通过国家验收并正式对外开放。依托于中国科学院自动化研究所。实验室以模式识别基础理论、计算机视觉、图像处理与图形学等为主要研究方向，研究人类模式识别的机理以及有效的计算方法，为开发智能系统提供关键技术，为探求人类智力的本质提供科学依据。实验室目前承担着80余项科研项目，其中包括国家重点基础研究计划“973”项目，国家自然科学基金重大、重点和面上项目、杰出青年科学基金项目和创新群体项目，国家高技术计划“863”项目，国家科技支撑计划项目及国际合作项目等。近年来，实验室已获准和申请专利100余项，获国家自然科学奖二等奖1项，国家技术发明奖二等奖1项，国家科技进步奖二等奖1项，北京市科学技术奖一等奖1项，中科院自然科学奖二等奖2项，其他部委级三等奖4项，国际发明金奖与世界知识产权专项奖各1项。实验室成员每年在国内外重要的学术期刊和国际学术会议上发表论文百余篇。

1997年实验室通过中科院自动化所和法国国立信息与自动化研究院（INRIA）成立了“中法信息、自动化与应用数学联合实验室”。是国内从事基础研究起步较早的中外联合实验室之一，并被誉为开展务实国际合作的典范。

（2）中国科学院分子影像重点实验室

在分子影像、功能影像、医学影像分析与处理等相关领域的基础理论研究、关键技术研发、成果推广应用等方面开展深入的研究工作，先后获得2项“973”项目、1项国家重大科研仪器设备研制专项、多项基金委重点项目的资助。获得国家科技进步奖二等奖2项、国家技术发明奖二等奖2项，省部级科技奖项多项。发表SCI学术论文200余篇，获得授权国家发明专利50余项和美国发明专利1项。

（3）北京航空航天大学图像处理中心

成立于 1984 年，我国最早一批开展医学和遥感图像处理技术研究的单位之一。目前建有“数字媒体”北京市重点实验室和“航天器设计优化与动态模拟”教育部重点实验室。与国际第五大显微镜制造集团组建了“Motic- 北航图像技术研发中心”，重点开展数字病理切片图像分析、基于内容的病理图像检索与辅助诊断技术研究。该中心“十一五”以来完成和承担了 20 余项国家自然基金项目、9 项国家“863”项目和 3 项国防预研项目等。项目研究主要集中在航天遥感和医学图像的处理、分析、识别及可视化领域。开发的“CMIAS 北航医学病理图像分析系统”产品，获国家医疗器械注册，国内用户超 400 家。开发的皮肤镜图像分析系统产品已在空军总医院等多家医院获得临床应用。研究成果先后获 1994 年解放军科技进步奖二等奖、2000 年解放军科技进步奖三等奖、2002 年北京市科技进步成果奖二等奖、2004 年中国体视学学会 CT 与三维成像新技术奖杯。

（4）中国科学院遥感与数字地球研究所

中国科学院作为推动国家科技发展的战略队伍，也是中国遥感的发源地和中坚力量。目前拥有 9 个国家级、院级实验室和研究中心，包括遥感科学国家重点实验室、中国科学院数字地球重点实验室、对地观测应用技术中心和国家遥感应用工程技术研究中心等。拥有航天和航空对地观测两个国家重大基础设施，拥有联合国、国际科学联合会理事会下属等四大国际科技平台。拥有包括 96 位正高级人员和 173 位副高级人员组成的 600 余人的科技队伍，拥有博士后流动站和 6 个博士、硕士培养点，在学研究生 500 余人。

（5）中科院遥感所遥感图像处理技术研究室

已经有 30 年的遥感图像处理的经验，特别是在图像几何处理与辐射处理技术、三维信息提取、变化检测、遥感云处理等方面，有很成熟的技术和经验，并且形成了自主知识产权软件。开展了多项项目：中国科学院支持天津滨海新区建设科技行动计划项目——“IRSA 遥感数据处理通用平台软件”、“863”计划——“遥感软件体系架构及标准规范研究”，国家航天局发展计划——HJ 星正射影像生成关键技术研究、中国科学院对外合作重点项目计划——“埃及农业环境遥感监测信息系统”等，项目的研究成果在各用户单位得到了较好的推广。

获得了多项软件著作权登记证书，其中具有自主知识产权的遥感图像处理系统 IRSA 具有强大的遥感图像处理功能。IRSA-3、IRSA-4 曾经参加 1997 年科技部组织的地理信息系统软件测评；IRSA5.2、IRSA6.0 分别在科技部组织的 2002 年度、2006 年度国产空间信息系统软件测评中被评为推荐软件。IRSA7.0 获得了 2012 年国产空间信息系统软件测评第 1 名。

（6）西北工业大学“陕西省语音与图像信息处理重点实验室”

经陕西省教委、科委、计委联合批准，于 1997 年 10 月成立。研究方向分为四个方面：图像处理与模式识别、语音信号处理及其应用、计算机视觉与视频信息处理、多媒体产品开发等。实验室已承担国家自然基金项目 13 项，“863”项目 8 项，国防预研项目 7 项，国际合作课题 9 项；获得国防科工委科技进步奖三等奖 2 项，国家教委科技进步奖一等奖和二等奖各 1 项，陕西省科技进步奖二等奖 1 项，航空工业总公司及陕西省科技进步奖三等奖各 1 次，主编教材一部，实验室现有研究实验人员 15 人，其中有教授、博士导师 7 人，副教授及高级工程师 5 人，研究力量雄厚。与英国、比利时、澳大利亚、美国及中国香港的多所高等院校和科研机构进行了广泛合作研究与学术交流。中国体视学会图像分析分会与陕西省信号处理学会挂靠在本实验室。

4. CT 学科研究平台与研究团队

目前国内在 CT 理论和技术这个领域活跃的研究单位有清华大学、东北大学、重庆大学、首都师范大学、中北大学、北京航天航空大学、北京大学、北京信息科技大学、北京交通大学、上海交通大学、西安交通大学、西北工业大学、第四军医大学、天津大学、华中科技大学、解放军信息工程大学；中国科学院高能物理研究所、中国科学院自动化研究所、中国科学院深圳先进技术研究院、中国工程院电子研究所、东营三英精密工程研究中心；同方威视股份有限公司、沈阳东软医疗系统有限公司、上海联影医疗科技有限公司、华润万东医疗装备股份有限公司。以下是几个代表性的研究团队的一些情况。

（1）清华大学

该校有多个团队在开展 CT 技术相关方面的研究，例如工程物理系、核研院等。其中工程物理系的粒子技术与辐射成像教育部重点实验室、辐射技术与辐射成像教育部工程中心在 CT 领域做出了重要贡献。此团队以推动科学技术发展、满足国家及公众安全与高科技产业发展需求为主要目标，开展基础研究和应用基础研究工作。在粒子信息获取和分析、粒子数字成像以及工业 CT 成像等的研究方面都有着较为深入的技术和工程基础，以 CT 成像理论为研究核心，积极探索 CT 成像在医疗、安检和工业检测等领域的应用，并逐步扩展到宇宙线缪子成像、太赫兹射线、地球等离子等多种射线信息的处理。已形成一个包括几十名教授及研究员、副教授、讲师的研究团队，培养了一大批硕士、博士。承担了国家自然科学基金、“十二五”国家科技支撑计划项目、国家“863”项目、北京市自然科学基金项目等，研制了一系列基于 CT 成像的航空安全检查、大型装备无损检测系统，并成功实现了产业化。在高能量、低泄漏率、小型化电子直线加速器技术，探测效率高、空间分辨率好、抗电磁干扰能力强的探测器技术，低剂量弱辐射的投影校正与图像处理新方法，CT 重建新方法等方面取得了很好的研究成果。其突出成果和奖项如下：团队研制的“货物快速检查技术及应用”2007 年获北京市科学技术奖二等奖，“大型装备缺陷辐射检测系统”获得了 2010 年度国家技术发明奖一等奖；“一种用射线对液态物品进行安全检查的方法及设备”于 2009 年获十一届中国专利奖金奖，“大型装备缺陷辐射检测技术”于 2010 年获国家技术发明奖一等奖，“产生具有不同能量的 X 射线的设备、方法及材料识别系统”于 2012 年获中国发明专利金奖，“铁路关键部件快速 DR/CT 系统产业化”于 2012 年获中国体视学学会首届科学技术奖一等奖。

（2）重庆大学

该校 ICT 研究中心是专门从事工业 CT 技术的理论研究、系统开发、推广应用和高层次人才培养的相对独立于院系的研究实体，建立了“工业 CT 无损检测教育部工程研究中心”。ICT 研究中心先后研制成功包括 γ 射线、低能 X 射线和高能加速器 X 射线三个系列、十余种型号的工业 CT 设备及仪器。系统广泛应用于我国航空、航天、铁路、汽车、机械、冶金、石油等工业领域和高校、科研机构。团队突出成果：“高精度高能大型工业 CT 无损检测系统”获得 2007 年度国家科技进步奖二等奖等奖励。

（3）中北大学

该校信息探测与处理技术研究团队，主要从事 X 射线成像系统设计与集成、信息综合利用、自动识别、信息反演等方面的研究，有近 20 名硕士生导师及以上科研人员、百余名博 / 硕士研究生在团队从事研究工作，依托平台包括电子测试技术国防重点实验室，仪器科学与动态测试教育部重点实验室，山西省现代无损检测工程技术研究中心。团队的研究在信息智能获取、自动识别、以及信息反演等方面具有特色，并进一步向多谱层析和瞬态过程层析等研究领域拓宽。团队研发的“高能 X 射线 DR/CT 成像检测系统”和“基于数字平板探测器的工业 DR/CT 成像检测技术与系统”多次获奖。团队所获奖励：国家科技进步奖三等奖 2 项，教育部科技进步奖二等奖 3 项，国防科技进步奖二等奖 1 项，并于 2010 年被评为山西省高等学校优秀创新团队，2012 年被评为山西省科技创新重点团队。

（4）首都师范大学

该校检测成像北京高等学校工程研究中心等单位，主要从事 X 射线 CT 成像理论技术研究、设备研制以及图像应用技术研究。承担了国家重大仪器专项、国家基金重点项目等科研项目二十多项，在 CT 成像理论和技术方面取得了一系列研究成果，自主开发了 CT 应用软件系列和 X 射线多功能锥束工业 CT 设备，为数十个单位的数千件样品提供三维 CT 成像服务，解决了用户的一系列检测难题。与企业联合，先后为国防企业、科研院所等单位开发了 20 多套工业 CT 和数字成像设备，在国防企业产品检测、新品研发以及有关科学研究中发挥了重要作用。近年来，该中心与三英精密工程研究中心联合，成功开发了亚微米分辨率的显微 CT 设备，并在石油、电子、古生物等领域开展了典型应用；该中心还为中科天悦口腔 CT 开发了成像软件。

（5）北京航空航天大学

该校 NDT&E 中心是国家“211”投资建设的重点实验室，以及国防科工委、北京市重点学科建设单位。团队现有教授 2 名，副教授 3 名，博士 / 硕士 30 余名。主要从事射线 DR/CT 的理论与应用研究，并将结合航空、航天重大装备检测需求，开展贯穿于产品全生命周期、面向工程应用的射线数字化成像与层析技术。此外，北京航空航天大学仪器科学与光电工程学院在电学层析成像相关理论研究、系统优化设计、应用领域拓展等方向进行研究并取得了丰硕的研究成果。团队目前的研究方向包括针对电学层析成像图像重建算法精度和实时性的改善、测量系统稳定性和实时性的提高以及传感器的优化设计。团队所发表在“IEEE 会刊”、“测量科学与技术”等杂志的多篇文章有着广泛的国际影响力。

（6）天津大学

该校电器自动化学院过程 CT (Process Tomography，PT) 研究团队在工业过程成像及医学监护成像领域开展研究十余年，取得丰硕的科研成果，已形成创新、进取，老、中、青结合的科研团队，拥有10余名讲师及以上研究人员。主要进行过程成像的系统技术、性能、硬件平台，以及体视学研究与电学成像技术相结合等方面的研究。团队所获奖项包括：2009年教育部自然科学奖二等奖、天津市优秀博士论文奖、教育部博士生学术新人奖2项。

（7）深圳大学

其光电子学研究所X射线相衬成像研究团队，隶属光电子器件与系统教育部重点实验室，现有近10名研究人员和20余名博士/硕士研究生，重点在X射线光栅微分干涉成像方法与关键技术开展研究。

（8）上海交通大学

该校生物医学工程学院多年来从事CT理论和应用的研究，同美国Virginia Tech、北京大学、中科院上海应用物理研究所有合作关系，目前有1名教授、1名副教授、5名博士、2名硕士组成研究队伍。毕业的研究生被美国通用电气（GE）全球研发中心、上海联影医疗科技有限公司等录用。

（9）中国科学院高能物理所

依托重大科技基础设施积累的经验和技术，以应用为导向，开展先进射线技术和射线应用技术的前沿技术研究和关键部件研发，已研制成功乳腺PET、乳腺SPECT、小型SPECT/CT、小型PET/CT等多个我国首台医用射线成像设备和古生物研究用CT设备，研制成功新型国产人体全身PET，建立了可持续发展的应用研究和服务平台。团队现有固定人员60余人，包括“新世纪百千万人才工程”国家级人选、“科技北京”百名领军人才培养工程人选、中科院“百人计划”人选等。团队所获奖项：获得北京市科学技术进步奖一等奖1项、三等奖2项。北京同步辐射成像研究组是国内最早开展研究X射线相位衬度成像和纳米分辨三维成像的研究团队之一，在同轴相位传播成像、衍射增强成像、光栅剪切成像、相位CT重建算法和纳米分辨成像研究中取得了多项研究成果，目前拥有一台基于同步辐射光源的X射线纳米分辨CT成像设备、一台基于X射线微焦点光源的微米分辨CT成像设备和一台基于X射线钨靶光源的X射线相位衬度成像设备，其主要研究方向是X射线成像的新理论和新方法。

（10）中国科学院深圳先进技术研究院

该院劳特伯生物医学成像研究中心，专门从事生物医学成像研究，初步建成了先进水平的CT、MRI和超声成像实验室。CT成像实验室有近20名科研人员。先后承担了国家科技支撑计划、国家自然科学基金、中科院重大装备项目、中科院知识创新工程、广东省创新团队、深圳市科技计划、企业等一批科研项目，科研经费总额近3000万元。团队的研究方向主要集中在低剂量CT成像方法研究、新一代碳纳米管CT系统研发、光子计数能谱CT系统研发和低剂量口腔CT系统产业化等四个方面。

（11）中国计量科学研究院

隶属于国家质量技术监督检验检疫总局，是国家最高的计量科学研究中心和国家级法定计量技术机构，属社会公益型科研单位。内设十余个专业研究所，其中电离辐射计量科学研究所、长度计量科学与精密机械测量技术研究所以及纳米新材料计量研究所等专业研究所均开展着与CT的应用相关的技术研究工作。目前正在招聘相关专业的研究人员，进行相关领域科研队伍的建设。团队所获奖项：2000年北京国际大会获亚洲CT科技新进展奖。

（12）北京中盾安民分析技术有限公司

又称公安部第一研究所安检事业部，是一个集研发、制造、工程、培训和服务于一体的企业，是国内最早研发生产安检产品的高新技术企业之一，长期专注于安检行业的发展，产品不断升级出新。公司现拥有上百人的研发队伍，从事安检部件研发、安检整机系统的软硬件技术研发、综合安检管理系统开发，能够根据客户的需求提供定制产品及全套的安全检查解决方案。

（13）中国航空工业集团公司北京航空材料研究院

其无损检测研究室围绕航空材料及产品中新材料、新工艺、新结构对无损检测的需求，开展包括超声、射线、磁粉、涡流和渗透等五大常规技术以及工业CT、红外、激光等新技术研究。工业CT技术研究人员在复杂铸件内部缺陷检测与评价、几何尺寸测量等方面开展应用研究工作，并在大型精密复杂铸件检测、发动机等重要设备参数测量等方面从事建立检测标准及产品检测规范进行研究。

（14）中国工程物理研究院

该院应用电子学研究所、国家X射线数字化成像中心拥有一个系统的CT研究团队，在工业CT和牙科CT研制上取得了重要的成果。

三、体视学学科国内外对比研究

现代体视学方法是目前国际上公认的进行形态定量研究的最佳方法。近年来，研究设备的发展带动了定量研究的进步：一是显微镜制造技术的发展，例如电子显微镜的出现将组织结构的形态定量研究从细胞水平推进到亚细胞水平，激光共聚焦显微镜以其高分辨率和三维重建的优势，可以在光镜切片上对突触等微细结构进行定量研究；二是影像设备的发展：从大体CT到显微CT，从结构成像、功能成像到分子影像以及生物发光成像技术，将活体定量研究从器官水平和细胞水平推进到亚细胞水平和基因水平；三是将体视学应用软件与显微镜、计算机、数码相机结合，开发出诸如Newcast系统、Stereo Investigator等体视学的操作系统，使组织学的形态定量在操作上更加便捷和准确，很大程度上推动了体视学的应用。

在生物医学体视学领域，国内研究人员建立了定量研究大脑皮质、白质、海马、胼胝体等结构及其内的有髓神经纤维的体视学方法，并运用这些方法研究了这些结构及其内有髓神经纤维的老年性改变以及跑步训练和丰富生存环境干预对这些结构及其内有髓神经纤维老年改变的作用；建立了定量研究海马内神经元数目和突触数目的体视学方法，并运用这些方法研究了丰富生存环境对海马各亚区神经元和突触的作用；建立了定量研究中枢神经系统内毛细血管的体视学方法，并运用这些方法对大脑皮质、大脑白质内毛细血管的老年改变进行了研究；把现代体视学的原理运用到了一系列生殖系统的研究工作中；把现代体视学方法应用到肾脏的定量研究中，并开展了一系列的研究工作；运用现代体视学方法研究了转基因老年痴呆鼠和雌激素对老年雌性小鼠齿状回和海马 CA1 区神经胶质细胞的影响。但是，我国目前在现代体视学方法应用方面与欧美国家差距非常大。

在材料体视学与 EBSD 技术交叉应用方面，在实验测试应用水平上，国内外差异较小，但国内在制样水平、应用范围和晶体学理论深度等方面与国际先进水平有一定差距。在将 EBSD 与原位技术和 FIB 技术等的有效结合、EBSD 花样内晶体学信息分析（如应变、与位错类型的关系等）、3D-OIM 图像重构等方面也有较大差异。国内在 EBSD 应用中的主要问题是对相关晶体学基本知识及材料学基础理论的缺乏，而难以将测试数据与实际问题联系起来。例如，EBSD 数据的极图表达难以理解深入；确定存在某种织构后，难以确定其形成的原因和控制该织构增强或减弱的方法。在材料体视学与晶界工程（GBE）交叉领域，国外研究起步较早，始于 20 世纪 90 年代中后期，加拿大、英国、美国和日本等国家主要针对诸如铅钙基合金、奥氏体不锈钢、镍基合金和黄铜这类中低层错能面心立方金属展开研究。国内真正意义上的 GBE 研究始于 2005 年，并在近 5 年内得到持续快速的发展，主要针对多种合金的晶界特征分布优化问题做了大量卓有成效的工作，在基于退火孪晶的金属材料晶界特征分布优化微观机制方面已处在国际领先水平。国内研究工作主要不足是，尽管在奥氏体不锈钢和镍基高温合金 GBE 研究等方面已申请了几项国家发明专利，但 GBE 技术在实际工程中的应用明显滞后。

我国体视学图像分析技术在理论和应用方面发展快速，相关研究热点问题与国际基本同步。体视学中所用到的图像处理、图像分割、特征提取、图像定量测量、三维重建、可视化等方法已达到国际上的先进水平。然而，在体视学相关的图像分析仪器的研制上，我国与发达国家美国、英国、丹麦等还有一定差距，把新的图像分析理论及时与实用的仪器系统结合上存在很大欠缺。如显微自动 DISECTOR 分析系统，显微图像自动分析与可视化系统等实验设备，主要差距体现在仪器的系统性和精度上。因而国内的一些研究机构或群体经常会借助于进口设备来获取图像数据源，以缩小我国与国际上的研究差距。

近十年来，我国在 CT 基础理论和关键技术研究、器件研制和设备研发方面有了长足的发展。首先，在 CT 基础研究方面，我国与发达国家的差距在快速缩小，在 CT 数据预处理、图像重建、图像应用等方面与国际前沿基本同步。我国在医学 CT 设备研制方面取得较大进展，已开发出了 64 排螺旋 CT、口腔 CT 等设备，但与国际水平差距依然很大，少数跨国公司设备仍然垄断我国高端医疗市场。在非医学 CT 设备研制方面发展较快，我国已进入了国际先进行列。我国自主研发的工业 CT 设备部分满足了国防和民用无损检测急需，国内安检 CT 研制和商业产品在国际上已经具有较强的竞争力，并进入国际市场；我国显微 CT 研制也进入了国际先进行列，在生物、材料、石油、微电子等新领域的应用也在逐步展开。尽管国内在 CT 射线源、探测器等核心部件的研制方面有了较大进展，但是技术水平与发达国家还有显著差距，部分器件仍然依赖进口，成为国产CT研发的主要瓶颈。

我国体视学与欧美国家的差距主要表现在以下几个方面。

1）现代体视学方法在我国的原创研究与应用显著不足。从1984年以来，一系列新的体视学方法相继被发明了。其中，大多数方法是由Gundersen教授为首的丹麦科学家发明的。这些现代体视学方法包括[12-32]：体视框（disector）、光学体视框（optical disector）、球切法（isector）、定向法（orientator）、体积加权平均体积（volume-weighted mean volume）、核距测量法（nucleator）、择合法（selector）、转距测量法（rotator）、分合法（fractionator）、光学分合法（optical fractionator）、均合法（proportionator），等等。在国际上，应用这些现代体视学方法从事定量研究工作做的比较深入的代表性专家有：Bente Pakkenkeng，丹麦哥本哈根大学教授，1995—1999年任国际体视学会主席，在应用现代体视学方法从事神经科学研究方面做出了突出贡献；John H. Morrison，美国西奈山医学中心教授，美国神经科学学会常务理事，在应用现代体视学方法从事神经科学研究方法做出了突出贡献；Patrick R. Hof，美国西奈山医学中心教授，《比较神经科学杂志》主编，在应用现代体视学方法从事神经科学研究方面做出了突出贡献；Jens R. Nyengaard，丹麦奥尔胡斯大学教授，2007—2011年任国际体视学会主席，在应用体视学方法从事肾脏研究方面做出了突出贡献；John Bertram，澳大利亚莫纳什大学教授，解剖和发育生物学系主任，1999—2003年任国际体视学会主席，在应用体视学方法从事肾脏研究方面做出了突出贡献；Dallas Hyde，美国加州大学戴维斯分校教授、解剖学系主任、灵长类动物中心主任，现为国际体视学会副主席，在应用体视学方法从事肺研究方面做出了突出贡献；Arun M.Gokhale，美国佐治亚理工学院教授，曾任国际体视学会副主席，在应用体视学方法从事材料科学研究方面做出了突出贡献。目前，国内科研人员对现代体视学方法的原创研究普遍重视不够，尚未出现与上述国际著名专家齐肩的中国体视学专家。

2）至今未见我国科研人员提出过系统性的体视学原创性理论。体视学研究主要有两个群体，一个群体是发明体视学方法，一个群体是应用体视学方法从事科学研究。虽然我国科研人员对一些体视学技术进行了一些改进。但是，到目前为止，还没有真正由我国科研人员提出的原创性体视学理论体系。近年来制定与修订的与体视学相关的我国国家标准，虽然其中有我国科技工作者自己提出的部分贡献，但大多仍参照了国外有关先进标准。

3）在将体视学运用于医学研究时，无论是理论还是设备，在我国科研领域的普及度较国外明显不足，造成了研究者对体视学这一学科的掌握程度参差不齐，这一问题尤其体现在三维空间内的随机抽样，以及如何选择正确的计算公式。因此仍有不少研究者在将体视学用于形态定量研究时，仅测量数密度、长度密度、面积密度和表面积密度、体积密度等参数，而不知道怎样通过三维空间内的等距随机抽样原理以及相应的公式计算得到组织结构的总量；其次，在将体视学用于超微结构的定量研究中，随着放大倍数的增加，为了减少测量误差和变异度，需要相应地增加抽样视野，而很多研究者在将体视学用于超微结构的定量研究时，普遍存在抽样量不足这一问题。

4）将先进技术应用于体视学研究尚处于起步阶段。20世纪90年代，*Nature*杂志发表了一篇将无偏体视学技术结合激光共聚焦显微镜术准确定量不同生存环境对大脑新生神经元总数影响的文章[33]。相比之下，我们目前对激光共聚焦显微镜的使用还局限于半定量各组织结构内的蛋白，而将激光共聚焦显微镜结合无偏体视学用于组织定量研究，尚为空白。此外，除了与免疫组织化学相结合，将形态定量与功能研究和其他研究手段，例如：将体视学与显微 CT、分子影像技术和生物发光技术的结合运用国内尚为空白，因此目前对活体的定量研究还仅限于通过与核磁共振成像和螺旋 CT 相结合，对器官的总体积进行测量和计算。少数跨国公司 CT 设备垄断国内高端医疗市场的局势至今尚没有改变。

5）与欧美国家相比，我国科技工作者采用体视学方法在国际性杂志上公开发表的论文数量所占比例较低，且国内体视学领域的杂志在国内外的影响力亦亟待进一步提高。

四、体视学学科的发展趋势与对策

（一）体视学学科发展趋势分析

1. 生物医学体视学发展趋势分析

近年来，由于生命科学的带头学科如分子生物学等技术的进步以及计算机和图像分析技术的广泛应用，生物医学的诸多形态学科包括解剖学、组织胚胎学、细胞生物学和病理学等正向两方面发展：一方面，计算机和图像分析技术的应用，使形态科学由简单的形态描述向量化方面发展，由直接观察显微照像向远程远输“间接”观察，因此产生了生物医学体视学和远程生物医学；另一方面，由于分子生物学、生物化学、免疫学和分子遗传学等学科的发展，并与形态学科交叉、渗透，因此产生了分子形态学。诸多形态学科由于上述定量分析技术及分子生物学技术的广泛应用，由此产生了定量分子生物学，它可使人们在生物大分子和基因水平“量化”认识疾病本质。

可以预测未来五年，随着体视学学科的发展和生物医学领域应用需求的不断增加，生物医学体视学基础理论、新方法和新设备的研究不断深入；利用体视学的理论、方法和设备去寻求解决生物组织显微图像的描述和测量的新方法、新软件、新设备将不断问世；利用生物医学体视学的原理和方法，定量阐明生物组织的规律和本质研究范围将不断扩大，主要有不断完善和建立生物医学体视学方法和不断扩大生物医学体视学方法应用范围两大方面。随着对体视学基础理论认识的不断深入，生物医学定量研究的需求的增加，一方面，已有的生物医学体视学方法更加完善和规范；另一方面，不断建立新的生物医学体视学方法。相信现有的生物医学体视学方法将会更加完善和规范，并将会有针对不同生物组织显微图像的描述和测量的新方法、新软件乃至新设备不断问世。在不断扩大生物医学体视学方法应用范围方面，不仅有机体正常形态结构各种组分的测量、机体生理功能的定量检测以及形态与功能结合的参数测定，而且有机体特殊组织结构与功能、医学影像的定量检测、病理组织形态参数等测定。既有与经典技术手段如常规病理技术、组织细胞的特殊染色及组织化学技术、电镜技术、免疫组织化学技术等结合应用，更会有与分子生物学如原位杂交、PCR 和原位 PCR 技术、原位末端标记技术、Western Blot、芯片技术等多种蛋白和基因操作技术以及流式细胞仪、共聚焦激光扫描显微镜和原子力显微镜等方法结合使用，以期定量揭示生物医学中的重要科学问题。

2. 材料体视学发展趋势分析

材料组织与结构的定量表征一直是材料科学与工程领域的核心问题。材料组织与结构的快速表征乃至高通量表征已经列入美国"材料基因组计划"（Materials Genome Initiative，美国总统奥巴马于 2011 年 6 月发布）的主要研究内容。如何满足材料科学与工程领域尤其是提高制造业和材料行业的全球竞争力对材料微观组织定量表征的迫切需求，是材料体视学必须面对的挑战。除追求体视学新原理新方法的原创性研究之外，如何将已有原理、方法、技术和仪器设备的创新应用与材料的科学表征、快速表征乃至高通量表征的思路紧密结合，为我国材料科技、教育与行业做出新贡献，是材料体视学科技工作者不能回避的责任和任务。

计算材料学模型和仿真技术的迅速发展，为体视学研究和推广应用提供了新的途径，并显著扩展了体视学的分析表征领域。体视学和计算材料学相互促进的未来发展趋势有如下几个方面：①作为验证计算材料学准确性的技术手段，体视学的作用将愈加重要；而经过验证的计算材料学方法与技术，又可望使体视学表征的效果成倍甚至成数量级地增大。计算材料学模型和方法通过构造、模拟或重建材料三维组织，还可以为体视学基础理论和表征方法研究和发展提供理想的研究对象。从而，体视学与计算材料学的耦合应用，与三维材料科学与工程的密切结合，将会成为体视学应用研究的重要研究领域与热点。②鉴于材料或物质的组织结构之多尺度本质，诸多性质依托于材料的三维几何组织结构之上，且材料组织演变则是依赖于时间的动力学过程，从而，将体视学的应用扩展至材料或物质的不同尺度和维度，包括发展适用于亚微米和纳米尺度的材料显微组织的定量分析技术，将是另一个重要的发展方向。③随着自动图像分析仪器的普及和改进，可以采用更高的速度和质量完成图像转化、分割、处理和组织定量分析。在 EBSD 技术基础上发展的晶界工程研究，使体视学在晶界特征及其分布表征方面的应用还有相当大的发展空间。④类似于体视学与计算材料学的结合，体视学与材料科学与工程领域的其他新方法新技术新思路（例如高通量表征思路与技术、材料数据技术或材料信息学）的有机结合，亦有可能大幅度提高体视学的原有功能和效率。⑤相对于其他体视学应用领域，材料体视学与自动图像分析方面的标准制定与推行目前处于领先地位，但相关国家标准的制定、修订的质量水平与先进性尚待进一步提高，更多体视学方法（包括 CT 技术）及其各种新的应用领域所需要的新国家或新行业标准尚待研究与制定。一方面可提高材料体视学测定结果的可靠性和可信度，另一方面也有利于促进体视学测定程序的规范化并将其标准化。

材料科学与工程领域现在是、将来也仍将是体视学应用的最主要领域之一。材料体视学进一步的工作既包括已有体视学原理、方法和技术在材料领域的推广应用，又包括为满足材料领域的需求而寻求更新更好的体视学方法及其创新应用。这有赖于材料科技工作者和体视学家们的密切合作和共同努力，也有赖于多种不同学科之间更广泛的交流与合作。

3. 图像分析技术发展趋势分析

图像分析方法目前还无法实现完全自动处理，尚需要人工干预。新的分析方法要以自动、精确、快速、自适应和鲁棒性等几个方向作为研究目标。随着计算机图像技术的发展，图像分析技术在解决图像的视觉增强、图像的定量分析等问题基础上，人们提出了利用计算机对图像进行理解和目标自动识别的更高要求。图像理解和目标自动识别成了目前该领域的研究热点和趋势。

在图像分析应用方面，越来越多的辅助诊断系统将进入医学临床诊断和治疗领域，需要不断丰富和完善现有的医学影像诊断系统。充分利用以往的已经确诊的病例的数据库信息和有经验的医生临床诊断经验以及方法，通过机器学习和图像识别技术来帮助医生快速准确地确诊病情。

随着医疗成像仪器精度的逐步提高，医学图像数据集越来越庞大，特别是四维医学图像的概念的引入，加入了时变参数，采集的是多时刻的三维数据，其大小是普通三维数据集的数倍。四维医学图像的分析将逐渐成为本领域的研究热点。

4. CT 成像技术发展趋势

CT 设备已成为临床医学诊断的重要工具，在非医学领域也有着十分广阔的应用前景。CT 不仅是重要的工业无损检测技术，在材料、生物、能源、安检、考古等众多领域的应用也越来越广泛。CT 在航天、航空、兵器、船舶等国防科技领域也是重要的支撑技术。

CT 技术呈现出三维化、高分辨、低剂量、多样化、智能化的发展趋势。

三维图像可以使人们更直观的了解物体内部的空间结构。随着面探测器技术的快速发展和计算机处理能力的不断提高，三维 CT 成像将成为 CT 发展的主流。

CT 设备的高分辨体现在三个方面：高的空间分辨率，高的物质区分能力，高的时间分辨能力。为此需要研究：提高 CT 成像空间分辨率的新机理和方法；提高 CT 成像区分物质能力的新机理和方法；以及提高 CT 成像时间分辨能力的方法。在传统方法之外，通过 X 射线透镜、栅格准直器以及压缩感知理论重建高分辨 CT 图像也是重要技术手段。能谱 CT、相位 CT，以及 X 射线的其他成像机理，都是值得关注的研究方向。通过新型造影剂和靶向机理或样品预处理方法，提高传统 CT 图像的对比度，也具有广阔发展空间。

低剂量 CT 成像方法，在医学上意味着可以降低对患者的射线照射剂量，降低射线对敏感器官（如甲状腺、乳腺等）的致病风险；在工业上意味着利用同样的条件，可以检测更大、更厚的工件，或有更高的检测效率。低剂量带来的问题是数据的低信噪比，甚至坏数据或数据缺失。除了预处理方法（CT 数据降噪方法）和后处理方法（图像去噪方法），基于目标优化的迭代类重建算法，将是具有发展前景的重要方法。

由于医学和工业等许多应用中，CT 数据采样受到各种各样的限制，导致一类不完全 CT 成像问题，包括：内区域 CT 成像问题，稀疏采样 CT 成像问题、有限角度采样 CT 问题等。此类问题在经典意义上均属于不适定问题。基于目标优化的迭代类重建算法，利用图像的先验信息或所采集的多模态数据中信息的互补性，也是解决此类问题的有效途径。

三维 CT 成像所需的数据与处理、图像重建算法、特别是目标优化重建算法以及图像后处理，都对计算机处理和存储能力提出了更高的要求。在计算机处理和存储能力不能满足需求的情况下，高效、并行的数据处理和图像重建算法以及结合硬件特性高效计算方法，将是相关 CT 技术实用化的关键。

在 CT 设备研发中，激发源、探测器等关键器件扮演着重要作用，其中包括加速器射线源、高功率微焦点射线源、碳纳米管 X 射线源、相干 X 射线源、软 X 射线源；大面积非晶硅探测器、光耦合高分辨探测器、光子计数型探测器、软 X 射线探测器等；空间位置定位器、射线源或探测器准直器、吸收光栅、相位光栅、毛细管聚焦镜、波带片等。

CT 应用需求的多样化，决定了 CT 成像原理的多样化。而随着 CT 图像分辨率的提高、CT 应用的扩展，CT 图像将呈现“大数据”的特点，智能化的数据分析、应用、管理将是未来 CT 设备发展需求。

5. 体视学与图像分析系统发展趋势分析

自动图像分析仪器最早问世于 20 世纪 70 年代，通用自动图像分析仪器开发技术相对比较成熟。目前，其发展趋势包括两个不同的发展方向，即高端自动图像分析系统的进一步专门化，和通用软件和工具的进一步普及化。从而，适用于不同专业应用方向的自动图像分析仪器研发以满足各种具体需求，仍需受到我国体视学与图像分析科技工作者以及相关仪器研发生产企业的高度重视。另一方面，鉴于计算机科学与技术的高速发展与普及应用，甚至利用普通手机都已经可以容易地对显微组织进行图像采集、拍摄存储、远程传输和共享，从而研究开发一些可用于个人计算机和手机的体视学与图像分析通用软件，很有必要，有助于对体视学与自动图像分析的进一步普及和推广应用。

（二）体视学学科发展对策与建议

1. 发挥学会作用，大力促进产学研用结合

鉴于体视学学科（包括图像分析与 CT 技术）的高度交叉性以及应用的广泛性，国内相关研究与应用的单位和人员相当分散。自中国体视学学会建立以来，在中国科学技术协会（以下简称中国科协）领导下，在学会历届挂靠单位和 6 个分会挂靠单位的大力支持下，在促进体视学学术交流、产学研用结合方面发挥了积极作用。今后要进一步加强和拓展学会的作用，通过举办国际和国内学术会议，组织会员单位联合承担国家和企业项目，组织专家进行新技术研讨，组织会员举办体视学、自动图像分析和 CT 知识讲座和专业技能培训，以及与国际学术界、兄弟学会、高等院校和研究院所合作等多种途径，促进产、学、研、用紧密结合，不断推动我国体视学学科、图像分析技术、CT 技术的快速健康发展与推广应用。

2. 重视基础研究，加强原始创新与协同创新

除进一步加强体视学及相关技术的推广应用工作外，我国应同时重视体视学基础研究与自主创新高层次人才的培养。以 CT 领域为例。目前国产医学和工业 CT 设备，仿制研制多、自主创新少。因此，政府和企业应重视新原理、新方法的基础性研究，加强在 CT 成像机理和数据采集机理上的原始创新，以及知识产权保护。同时，重视 CT 器件研发所需的上游材料和基础元器件的研究，重视设备研发中的集成创新。此外，需要重视软件技术，发挥以软件技术补足硬件不足的作用，发挥软件在 CT 设备智能应用中的推展作用。

CT 技术综合性强、技术难度大、经济价值高的特点，决定了 CT 技术研究和发展必须联合各方技术和资源，按照市场经济的模式进行系统运作。目前，从事 CT 技术研究的高校、研究机构和企业已逾数十个，从事影像技术研究和应用的则超过数百个。但高校和研究机构科学研究与企业产品研发之间存在很大的脱节，科研成果向企业产品转化方面的机制不健全。为此，需要探索产学研用相结合的有效机制，建立科研成果知识产权的利益分配的新模式，充分发挥我国 CT 科技人力资源优势，促进 CT 基础研究、器件开发、设备研制以及用户之间的一条龙协同创新，通过国家科技项目或企业项目组织多单位对 CT 瓶颈技术进行联合攻关，提高我国医学和工业 CT 设备的自主研发水平和市场综合竞争能力。

3. 需求牵引，致力于为实现国家目标做贡献

体视学学科的问世与存在，其价值源自于其作为高维结构表征工具在不同领域的应用价值，源于其依托于各种应用项目对于科技发展、社会发展、国防建设和人才培养等做出的实际贡献。若陷入少数所谓的体视学家发表论文和开展所谓学术研究不问应用价值的“自娱自乐”误区，体视学学科将难以可持续发展。

除巩固已有队伍，继续积极吸引体视学基础研究的专家外，让更多的人了解体视学，吸引不同应用学科领域的科技工作者对体视学发生兴趣，并结合其应用需求参加到体视学研究和体视学应用的科技队伍中来，是中国体视学学会的重要任务之一。将体视学与不同学科领域的重大需求和新思路、新技术结合（例如人类基因组计划和材料基因组计划），将是发挥体视学作用和发展体视学学科的必由之路。

另外，建议体视学与相关技术在不同领域推广应用的过程中，均应重视相关的标准化建设。同时，中国体视学学会应当鼓励公益性的体视学共性技术与软硬件开发，并建议国家给予适当资助与支持。

参考文献

[1] 国际体视学学会官方网站［EB/OL］：http：//www.stereologysociety.org/，2012-07-08.
[2] Webster's Encyclopedic Unabridged Dictionary of the English Language［Z］. New York：Gramercy Books，

1996：1867.

［3］ Cahn R W. The coming of Materials Science［M］. Pergamon Materials Series，Volume 5. Amsterdam：2001，（杨柯，译. 走进材料科学［M］. 北京：化学工业出版社，2008）.

［4］ 刘国权. 体视学学科发展研究的问题与思考——体视学定义与体视学学科［C］. 第十三届中国体视学与图像分析学术会议论文集（大会特邀报告）. 太原：中国体视学学会，2013：3-11.

［5］ Offerman S E. Microstructures in 4D［J］. Science，2004，305（5681）：190-191.

［6］ Ullah Asad，Liu Guoquan，Wang Hao，Khan Matiullah，Khan Dil Faraz，and Luan Junhua. Optimal approach of three-dimensional microstructure reconstructions and visualizations［J］. Materials Express，2013，3（2）the cover pages，and 99-184.

［7］ 余永宁，刘国权. 体视学——组织定量分析的原理和应用［M］. 北京：冶金工业出版社，1989.

［8］ 中国体视学学会官方网站［EB/OL］：http：//www.tscss.org/. 2005-09-01.

［9］ 国际体视学学会官方网站［EB/OL］. Stereology Events - International Society for Stereology. http：//www.stereologysociety.org/One_Events.html. 2013-11-03.

［10］ 国际体视学学会官方网站［EB/OL］. Stereology Board - International Society for Stereology. http：//www.stereologysociety.org/One_Board.html. 2013-11-03.

［11］ 国际体视学学会官方网站［EB/OL］. 清华百年校庆之际喜获两项国家科技奖一等奖. http：//www.tsinghua.edu.cn/. 2011-01-14.

［12］ Sterio D C. The unbiased estimation of number and sizes of arbitrary particles using the disector［J］. J Microsc，1984，134（2）：127-136.

［13］ Gundersen H J，Bendtsen T F，Korbo L，et al. Some new，simple and efficient stereological methods and their use in pathological research and diagnosis［J］. APMIS，1988，96（5）：379-394.

［14］ Gundersen H J，Bagger P，Bendtsen T F，et al. The new stereological tools：disector，fractionator and point sampled intercepts and their use in pathological research and diagnosis［J］. APMIS，1988，96（10）：857-881.

［15］ Nyengaard J R，Gundersen H J. The isector：a simple and direct method for generating isotropic，uniform random sections from small specimens［J］. J Microsc，1992，165（3）：427-431.

［16］ Mattfeldt T，Mall G，Gharehbaghi H，et al. Estimation of surface area and length with the orientator［J］. J Microsc，1990，159（3）：301-317.

［17］ Baddeley A J，Gundersen H J，Cruz-Orive L M. Estimation of surface area from vertical sections［J］. J Microsc，1986，142（3）：259-276.

［18］ Gardi J E，Nyengaard J R，Gundersen H J. The proportionator：unbiased stereological estimation using biased automatic image analysis and non-uniform probability proportional to size sampling［J］. Computers in Biology and Medicine，2008，38（3）：313-328.

［19］ Cruz-Orive L M. Particle number can be estimated using a disector of unknown thickness：the selector［J］. J Microsc，1987，145（2）：121-42.

［20］ Gundersen H J. The smooth fractionator［J］. J Microsc，2002，207（3）：191-210.

［21］ Tandrup，T，Gundersen H J，Jensen E B. The optical rotator［J］. J Microsc，1997；186（2）：108-20.

［22］ West M J，Slomianka L，Gundersen H J. Unbiased stereological estimation of the total number of neurons in the subdivisions of the rat hippocampus using the optical fractionator［J］. Anat Rec，1991，231（4）：482-97.

［23］ Moller A，Strange P，Gundersen H J. Efficient estimation of cell volume and number using the nucleator and the disctor［J］. J Microsc，1990，159（1）：61-71.

［24］ West M J，Gundersen H J. Unbiased stereological estimation of the number of neurons in the human hippocampus［J］.J Comp Neurol，1990，296（1）：1-22.

［25］ Braendgaard H，Evans S M，Howard C V，et al. The total number of neurons in the human neocortex unbiasedly estimated using optical disector［J］. J Microsc，1990，157（3）：285-304.

［26］ Gundersen H J. The nucleator［J］. J Microsc，1988，151（1）：3-21.

［27］ Pakkenberg B，Gundersen H J. Total number of neurons and glial cells in human brain nuclei estimated by the disector and the fractionator [J]. J Microsc, 1988, 150(1): 1–20.

[28] Gundersen H J. Stereology of arbitrary particles. A review of unbiased number and size estimators and the presentation of some new ones, in memory of William R. Thompson [J]. J Microsc, 1986, 143(1): 3–45.

[29] Gundersen H J, Jensen E B. Stereological estimation of the volume–weighted mean volume of arbitrary particles observed on random sections [J]. J Microsc, 1985, 138(2): 127–42.

[30] Gokhale A M, Drury W J. Efficient measurement of microstructural surface area using trisector [J]. Metall Mater Trans A, 1994, 25A: 919.

[31] Gardi J E, Nyengaard J R, Gundersen H J. The proportionator: Unbiased stereological estimation using biased automatic image analysis and non–uniform probability proportional to size sampling [J]. Computers in Biology and Medicine, 2008, 38(3): 313–328.

[32] Gardi J E, Nyengaard J R, Gundersen H J. Automatic sampling for unbiased and efficient stereological estimation using the proportionator in biological studies [J]. Journal of Microscopy, 2008, 230(Pt. 1): 108–120.

[33] Kempermann G, Kuhn H G, Gage F H. More hippocampal neurons in adult mice living in an enriched environment [J]. Nature, 1997, 386: 493–495.

撰稿专家:(以姓氏笔画为序)

王　浩　王　锂　王卫国　王德文　尹立新　左　良　申　洪
田　捷　刘国权　刘俊友　朱佩平　邢宇翔　宋晓艳　张　朋
张　跃　张晓鹏　张桂珍　李　杨　李　亮　李兴东　杨　平
杨正伟　孟如松　姜志国　赵咏秋　赵忠明　赵荣椿　唐　勇
徐新萍　康克军　彭瑞云　韩　焱　焦宗夏　曾　理　谢凤英

执　　笔:刘国权　唐　勇

专题报告

生物医学体视学发展现状与趋势

一、引言

生物医学体视学是运用体视学的原理和方法研究生物组织结构，并根据生物组织的结构特点，探讨相应的体视学测算方法的学科。生物医学体视学是体视学的一个分支。

我国自20世纪60年代起，引用生物医学体视学技术。1964年，出版了《定量组织学实验技术》。1978年后，生物医学领域多个学科如病理学、组织学与胚胎学、神经生物学、肿瘤学、诊断学等日益重视体视学理论和图像分析方法。1981年，军事医学科学院在生物和医学界第一家引进图像分析仪，在诸多形态学科领域开展形态定量工作，并10余次举办全国性学习班。1988年，正式成立了中国生物医学体视学学会（Chinese Biomedical Society for Stereology，CBSS）。从此，我国生物医学体视学进入新的发展阶段。

通常情况下，生物医学体视学工作可分三方面：一是体视学基础理论、新方法和新设备的研究；二是利用体视学的理论、方法和设备去寻求解决生物组织显微图像的描述和测量的新方法、新软件、新设备研究；三是利用生物医学体视学的原理和方法，定量阐明生物组织的规律和本质研究。

在生物医学体视学尚未问世前，传统的生物形态学研究采用形态描述反映形态结构及其改变，并多限于二维水平上，这与缺少生物医学体视学的方法有关。生物医学体视学为组织结构的形态从二维乃至三维定量研究提供了原理和方法，使形态定量研究成为可能。

通常情况下，生物医学是采用数学方法即定量分析方法较少的学科之一。以往的形态学科研究中，大都采用定性描述方法，这与形态定量方法发展缓慢、不够普及有关。随着生物医学体视学学科的发展、计算机的普及、图像分析仪的广泛应用以及体视学原理、方法的不断发展，生物形态学研究由定性向定量发展，在二维乃至三维水平上进行研究，具有广泛的应用前景。

总之，一门学科只有在成功地运用数学进行定量分析时，才算真正达到完美的地步。一门学科的数学化和定量化，首先意味着该学科从定性研究进入定量研究。生物医学体视学使生物医学领域中众多学科的研究由单纯的定性描述向定量研究发展，将使生物医学领域中各学科产生新的飞跃。

本专题报告首先回顾、总结和科学评价了我国近5年来生物医学体视学领域的新观点、新理论、新方法和新成果等发展状况；第二，结合生物医学体视学学科有关国际重大研究项目，研究国际上本学科最新研究热点、前沿和趋势，比较分析国内外生物医学体视学学科的发展状况；第三，分析了我国生物医学体视学学科未来5年发展新的战略需求和重点发展方向，提出了本学科未来5年的发展趋势及发展策略；最后，在分析生物医学体视学学科未来发展趋势的基础上，结合我国实际，提出本学科发展的建议与对策。

二、我国的发展现状

（一）不断建立并完善生物医学体视学方法

生物医学体视学是采用体视学原理和方法，解决生物医学中面临的科学问题，因此，为满足不同生物医学问题研究的需要，体视学方法也在不断建立和完善。

1. 建立了定量研究大脑皮质、海马、胼胝体等结构及其内有髓神经纤维的无偏体视学方法

通过连续脑组织切片和透射电子显微镜，运用体视学方法（包括卡瓦列里原理的运用和等距测点框、无偏计数框等的应用），对大脑皮质、白质、海马、胼胝体等结构及其内有髓神经纤维进行定量研究，测量分析大脑皮质、大脑白质、海马、胼胝体等结构总体积、有髓神经纤维体积密度和长度密度、有髓神经纤维（或其髓鞘）的总体积、总长度及直径等参数，以揭示大鼠大脑皮质、白质及其内有髓神经纤维、胼胝体及其内有髓神经纤维的老年性改变以及短期丰富生存环境对老年大脑白质、胼胝体、海马内有髓神经纤维的作用及作用的性别差异[1-11]。

2. 建立了定量研究海马结构内神经元数目和突触数目的无偏体视学方法

严格遵循无偏体视学的各种抽样原则，通过突触素的免疫组织化学染色和尼氏体染色，使用体视学分析系统，在尼氏体染色或免疫组织化学染色的组织图像上叠加测试框，在每个测试框内，依照光学体视框的计数原则计数神经元或突触的数目，并运用光学分合法，按照公式计算海马结构各亚区神经元或突触的总数目[12]。该定量研究海马结构内神经元和突触数目的研究方法，为深入研究正常老年和各种神经系统退行性疾病状态下海马结构内神经元和突触数目的改变提供了有效的工具。

3. 建立了辐射剂量效应关系研究的数学模型及其计算机程序

线性无阈模型用于高LET低剂量率照射，凸向下模型用于高LET高剂量率照射，线性平方模型用于低LET低剂量率照射，有截距的线性平方模型、指数模型、修正的指数模型、S型实际阈值模型、无阈值线性修正模型、无阈值线性平方修正模型用于低LET高

剂量率照射条件下的剂量效应关系研究，并建立实现利用上述数学模型的计算机处理程序，用于辐射剂量效应关系。如在 γ 线辐射体外诱发人胚肺细胞转化及形态计量学研究中，首先应用 MIAS-300 图像分析系统测试了人胚肺细胞在两种剂量率作用下，转化细胞核的形态计量学参数（包括面积、周长、等效直径、核浆比等），应用上述数学模型及计算机程序，分析各参数与照射剂量的关系及两种剂量率所致效应的差别，发现照射剂量率影响细胞的放射损伤效应[13]。

4. 建立了虚拟组织切片的体视学模型

以数学手段描述组织切片可能出现的二维形态特征，模拟切片过程，将所得到的数据进行数值分析，与经验公式进行拟合比较。基于此算法可实现虚拟随机模拟切片，经拟合优度检验，数据分布的均匀性检验通过率达 94.5% 以上，独立性检验通过率达 92% 以上，且均符合正态性要求。表明经线性和曲线拟合能够得到与经验公式相一致的体视学参数相关关系。该算法具有可行性，可以反映数值模拟结果的正确性[14]。该模型以软件系统作为实现手段，模拟虚拟切片过程，为体视学的理论提供一个客观实证工具。

5. 建立了空间随机分布粒子系统

用数学方法描述所定义的粒子的分布及其三维形态特征，建立应用程序。采用 x^2 拟合优度检验法检验实际生成的粒子其空间位点分布的均匀性、独立性，采用动差法和 Ko lmogorov-Smirnov /Z 拟合优度法检验粒子半径分布的正态性。在计算机上构建出一套可视化空间随机分布粒子系统。该系统可据要求自动生成包容空间和大小及坐标位点随机的粒子。100 次虚拟粒子分布实验的均匀性、独立性和正态性检测结果表明，均匀性和独立性符合离散随机变量的理论分布。均匀性检测通过率达 94. 5% 以上，独立性检测通过率超过 92%。球粒子的半径分布符合正态分布[15]。该系统实现了在虚拟空间坐标系中自定义粒子分布的生成，为体视学理论和方法研究建立了计算机仿真实验平台。

6. 建立了可用于定量检测转录因子活性的免疫化学染色的图像分析方法

转录因子进行免疫化学染色后，应用图像分析仪检测细胞核与细胞浆中转录因子阳性染色的灰度值，计算核 / 浆灰度值比来判定其活化程度，并以经典的凝胶迁徙率泳动分析法作对照，两种方法检测的趋势一致[16]，表明免疫化学染色的图像分析法可用于定量检测转录因子的活性。

7. 建立了急性放射病外周血细胞计数与照射剂量和照后时间的定量关系的分析模型和程序

用分层曲线拟合法获得了由淋巴细胞或白细胞计数和照后时间推算照射剂量的量效、时效模型；用多元逐步回归法获得了血细胞计数的量效模型；用面积积分法获得了照后不同时间段由淋巴细胞或白细胞计数积分面积推算受照剂量的公式。编制了由淋巴细胞或白细胞计数推算患者受照剂量的计算机分类诊断程序。并应用该程序分析了急性放射患者外周血淋巴细胞或白细胞计数与受照剂量、照后时间和年龄等变量间的量效关系[17]。

8. 阐明了光衍射现象、滤光片、不同染色方法及组织切片厚度对细胞核DNA含量检测的影响

光衍射现象可导致DNA含量的测量结果偏低，其偏低的程度随待测细胞核的面积增加而减小。适宜的滤光片可提高细胞核DNA含量测量结果的精确性和准确性。Feulgen染色测量结果精确性和准确性明显高于天青B染色，应作为首选的染色方法。不同制片方法可导致同一类型、处于相同功能状态的细胞核染色质浓缩程度产生明显差异，染色质浓缩可导致平均光密度值升高，积分光密度值降低，测量结果的精确性和准确性降低。组织切片的实际厚度与切片机标识厚度间存在明显差异，厚组织切片测量结果优于薄组织切片，但与细胞涂片相比，厚组织切片仍难以准确测量细胞核DNA含量，DNA含量检测时应优先采用细胞涂片[18-22]。

（二）不断加强体视学方法在实验病理学研究和临床病理诊断中的应用

1. 体视框在生物医学研究中的应用

体视框由一平面（测试平面）内的测试框（已知面积a）和另一与之相距一定距离（h）的平行平面（或称对照平面，其范围可无限延伸）构成。将它随机地“插入”待测三维空间内，就可均匀抽选或计数粒子，包括物理体视框和光学体视框两种方式[23]。利用突触素标记神经终末膨大结合光学体视框计数神经终末膨大，准确地反映了组织和器官内所有的神经终末的分布[24]；将免疫组织化学、光学体视框及图像分析方法相结合，研究了大鼠松果体的神经支配及双侧颈上交感神经节摘除后对松果体细胞分泌活动的影响[25]；此外有研究应用光镜半薄连续切片和物理体视框相结合，对锂导致大鼠慢性肾功能不全时肾小球毛细血管的数目进行定量形态学分析[26]。

2. 体视学方法在放射病理学研究中的应用

（1）建立了立体定向照射放射性脑损伤模型并实现了靶区的三维重建

建立了立体定向照射放射性脑损伤模型，照射中心剂量为200Gy，靶区吸收剂量率为3Gy/min，照后21天靶区形成直径约为4mm的坏死空腔。重建的坏死靶区呈尖端向前的不规则空间构型，平均体积为（232.27 ± 4.60）mm^3[27]。为放射性脑损伤病理变化、机制和防治的研究奠定基础。

（2）建立了凋亡细胞核的三维重建方法

细胞凋亡是放射损伤的特征性病变，透射电镜的观察是其主要检测手段。采用手工定位和计算机定位相结合的方法，找到凋亡细胞核的位置，计算出切片的旋转角度，然后通过计算机轮廓中心对位法，消除平移误差，最终实现准确定位，采用灰度表面模型法，建立了凋亡细胞核的三维重建方法，立体感强，直观性好，可以很好地观察凋亡细胞核的表面形态[28]。

(3)建立了大鼠皮肤创伤愈合瘢痕的三维重建和体积定量方法

皮肤创伤愈合是放射性损伤研究重要课题之一。通过三维重建得到愈合组织中瘢痕的立体形态，似呈残存树桩样，中央较大，周边呈不规则根状伸入正常真皮。瘢痕平均体积为（4.292 ± 1.009）mm^3，重现了皮肤创伤愈合中瘢痕的真实形态，获得的体积参数可作为创伤愈合实验研究中瘢痕评价的定量指标[29]。

(4)建立了反映放射性肝损伤特征性变化的定量病理学研究方法

建立了放射性肝损伤进程中肝细胞内糖原颗粒含量（以积分吸光度表示）、网状纤维（网状纤维面积/视野面积）及胶原纤维（胶原纤维面积/视野面积）含量的定量分析方法，发现放射性肝损伤进程中具有特征性的病变：肝细胞内糖原含量进行性减少，胶原纤维在肝纤维化过程中却进行性增加[30]，从而建立了可反映放射性肝损伤进程特征性变化的定量病理学研究方法。

(5)建立了反映放射性肺损伤特征性变化的定量病理学研究方法

建立了放射性肺损伤进程中肺间质、肺泡腔、肺内基质胶原纤维、弹力纤维含量、肺内肥大细胞嗜碱性颗粒含量及肺内成纤维细胞胶原 mRNA 含量的定量分析方法，发现放射性肺损伤进程中具有特征性的肺泡壁渐增厚、肺间质所占面积增大、肺泡腔进行性缩小、胶原纤维增多等[31]。从而建立了可反映放射性肺损伤进程特征性变化的定量病理学研究方法。

(6)建立了反映骨髓放射损伤特征性变化即造血细胞凋亡的定量病理研究方法

造血细胞凋亡是骨髓放射损伤的特征性变化。利用骨髓半薄切片，建立了凋亡的骨髓细胞的数密度（凋亡的骨髓细胞的数量/视野面积）及面密度（凋亡的骨髓细胞的面积/视野面积）的分析方法，发现照射后骨髓凋亡的造血细胞显著增多，其数密度和面密度均显著增加[32]。从而建立了可反映骨髓放射损伤特征性变化即造血细胞凋亡的定量病理研究方法。

(7)建立了放射损伤机制和防治研究中分子病理学和分子生物学检测技术的定量分析方法

放射损伤机制和防治研究是放射损伤研究的重要领域，研究手段多样，包括免疫组织化学、原位杂交、免疫印迹、RP-PCR、DNA 含量检测等，针对不同研究目的和检测技术建立了其定量分析方法，通过多种参数如积分光密度、平均光密度、面密度、数密度等对检测结果进行定量分析，从而对放射损伤的机制和防治进行深入研究，阐明或部分揭示了放射性脑损伤、骨髓损伤、肝损伤、肺损伤及皮肤损伤等的发病机制，并对 rhGM-CSF、TGF-β 等细胞因了、硒制剂、一氧化氮等对不同组织放射损伤的防治作用及其机制进行研究[33-37]。

3. 体视学在电磁辐射损伤研究中的应用

(1)开展了电磁辐射损伤效应的定量研究

生物医学体视学的方法和技术结合光镜、电镜、荧光显微镜和原位末端标记等仪器和方法观察电磁辐射致主要靶器官损伤的病理变化。如定量分析微波和电磁脉冲辐射后睾丸生精小管面积、直径，生精小管面密度和间质水肿相对面积的变化及规律；定量分析微波和电磁脉冲辐射大鼠后大脑皮质和海马突触界面结构参数包括突触活性区长度、与突触后致密物质厚度及突触间隙宽度等变化；伊文思蓝示踪定量观测血脑屏障、血睾屏障等屏障结构通透性变化，应用原位末端标记检测脑、心、肝、睾丸等多种组织细胞凋亡变化[38-41]。

生物医学体视学的方法和技术结合特殊组织化学染色光镜观察电磁辐射致主要靶器官细胞内特定组分的含量变化。如甲苯胺蓝染色定量分析大脑皮质和海马尼氏体含量，Feulgen 或 PI 染色定量分析肝细胞、眼晶状体上皮细胞等 DNA 含量，AgNOR 染色定量分析眼晶状体上皮细胞、垂体细胞、肾上腺细胞等细胞 AgNOR，Schiff 染色定量分析心肌细胞、肝细胞、生精细胞糖原含量等[39-41]。

（2）定量研究电磁辐射损伤的分子机制[42-45]

应用酶细胞化学、免疫组化、免疫荧光、Western Blot、免疫共沉淀、原位杂交、RT-PCR、Real-time PCR、基因转染或 RNA 干涉等分子病理学、分子生物学技术结合生物医学体视学的方法和技术，定量、动态、系统观测能量代谢酶活性、结构蛋白如突触相关蛋白和紧密连接蛋白、凋亡相关基因及蛋白、细胞因子、多条信号转导通路等的变化，从而深入研究了微波和电磁脉冲辐射致主要靶器官损伤分子病理机制，为电磁辐射损伤的医学防护尤其防治药物研发和应用提供了根本依据。

生物医学体视学的方法和技术结合酶细胞化学染色定量分析脑、心、睾丸等组织能量代谢相关酶如 ATP 酶、乳酸脱氢酶、琥珀酸脱氢酶等活性变化。

生物医学体视学的方法和技术结合免疫组化、免疫荧光、原位杂交等原位，定量分析多脏器组织原癌基因、细胞结构蛋白如突触相关蛋白和紧密连接蛋白、凋亡相关基因及蛋白、细胞因子、信号转导（HIF-1α/ERK、Raf/MEK/ERK、NMDAR/CaMK II、cAMP-CREB/CREM）相关分子变化。

生物医学体视学的方法和技术结合 Western Blot、免疫共沉淀、RT-PCR、Real-time PCR 定量分析多脏器组织细胞结构蛋白如突触相关蛋白和紧密连接蛋白、凋亡相关基因及蛋白、细胞因子、信号转导（HIF-1α/ERK，Raf/MEK/ERK，NMDAR/CaMK II，cAMP-CREB/ CREM）相关分子表达变化、蛋白相互作用等。

4. 体视学在正常组织结构或各种疾病动物模型研究中的应用

（1）睾丸组织结构

利用体视学测格软件，针对生精细胞的排列情况进行定量研究，发现生精细胞排列疏松是大鼠睾丸内睾酮抑制所致重要组织学改变之一。用体视学图像系统测量睾丸网的厚度，根据体视学方法估计切片被膜边缘的长度，发现成年大鼠睾丸网分布在睾丸后上缘的被膜（白膜）下和睾丸网出口处。利用体视学方法测量睾丸内生精小管、间质及间质内的空隙、生精细胞核的体积分数以及生精小管和早期圆形精子细胞核的直径，比较不同放大倍数和包埋介质对睾丸组织体视学研究的影响，结果表明放大倍数对睾丸组织绝大多数体视学参数估计无显著影响，而包埋介质影响较大，石蜡包埋能引起睾丸组织不均匀皱缩[46-48]。

（2）脊髓组织结构

运用体视学方法测定脊髓腰膨大横截面面积、灰质平均厚度、白质平均厚度、脊髓灰质和白质的面积比等参数，探讨石蜡包埋和切片染色对大鼠脊髓腰膨大皱缩程度的影响，结果表明石蜡包埋和切片染色后脊髓组织明显皱缩[49]。

（3）肺损伤模型

运用体视学方法测定大鼠肺实质红细胞体积密度、支气管残余管腔体积密度、肺泡体积密度等参数，定量研究SD大鼠细菌性重症肺炎模型病理的三维形态结构特点及变化规律，结果表明大鼠细菌性重症肺炎在病理体视学上表现为：红细胞在整个肺组织中的体积增加，支气管残余管腔与原始管腔的比值减小，肺泡腔与整个肺实质体积比减小[50]。

（4）肾损伤模型

运用体视学方法，通过鲍曼氏囊腔面积、肾小球周长、血管球周长、肾小管上皮细胞面积、肾小管管腔面积、肾小管管腔面积 / 肾小管面积之比等参数，观察了氟中毒大鼠肾组织损伤的形态定量病理变化特点。此外，利用透射电子显微镜观察与定量分析结合，通过测量系膜区面积和肾小球基底膜厚度，研究联合抗氧化微量营养素对肾脏超微结构的保护作用[51]。

5. 体视学在临床病理诊断中的应用

（1）肿瘤病理研究中的应用

1）肺癌。定量研究痰涂片中肺癌脱落细胞巴氏染色的色度学特征，筛选对肺癌诊断分类有重要价值的色度学参数：用计算机图像分析技术分别测试7类细胞的色度学参数值，包括细胞的红、绿、蓝三基色（Rc、Gc、Bc）及其三基色系数（rc、gc、bc），核的红、绿、蓝三基色（Rn、Gn、Gn ）及其三基色系数（rn、gn、bn）。巴氏染色痰涂片中脱落细胞的色度学参数Rc、Rn、Gc、Gn、Bc、Bn及rc、rn、gc、gn、bc、bn在不同类型细胞间有显著性差异，这些参数及其差异不但可用于判别鳞癌、腺癌、小细胞癌与大细胞癌细胞的研究，还可用于判别柱状上皮细胞、组织细胞与鳞状上皮细胞以及正常与肺癌细胞的研究[52]。

2）消化道肿瘤。运用体视学方法研究食管鳞癌细胞核的有关体视学参数在食管鳞癌诊断方面的意义，结果表明体积密度、表面积密度、数密度、平均体积、平均表面积、表面积与体积比、核浆比及平均自由程8项体视学参数对食管鳞癌和正常食管上皮的诊断及鉴别诊断有一定价值[53]。

运用体视学方法定量揭示胃管状上皮性肿瘤细胞三维形态结构的特点及变化规律，结果表明细胞核的体积密度、表面积密度、数密度、表面积与体积比、平均自由程、平均体积及核浆比的变化在胃良、恶性肿瘤及正常胃组织间具有显著的差异性及规律性，其定量分析有助于胃良、恶性上皮性肿瘤的辅助诊断[54]。

通过测试腺上皮细胞中形态正常的和空泡变性的线粒体的体积密度、表面积密度、数密度、平均自由程、形状因子、改良形状因子、规划形状因子、平均体积及平均表面积，比较这些参数在不同组织间的差异，从三维水平定量揭示大肠腺癌、腺瘤及正常黏膜上皮线粒体的超微结构特点和变化规律，并阐明其能量代谢的主要途径[55, 56]。

3）肝癌。利用细胞图像分析仪测量 DNA 干系倍体值及细胞核形态学参数，分析成人正常肝和肝细胞癌 DNA 干系倍体及细胞核形态学参数的变化，结果表明细胞核 DNA 干系倍体和细胞核形态学参数分析可作为鉴别人正常肝和肝细胞癌的参考指标[57]。

4）甲状腺肿瘤。应用图像分析软件设计方网测试系统，测试上皮性细胞核的体积密度、表面积密度、数密度、平均体积、平均自由程、腺上皮细胞的厚度等参数，结果表明上述参数的变化在甲状腺良、恶性肿瘤及正常甲状腺组织之间具有显著的差异性及规律性，其定量分析有助于甲状腺上皮良、恶性肿瘤的辅助诊断及分型研究，从三维水平定量揭示甲状腺上皮良、恶性肿瘤显微结构的特点及变化规律[58]。

5）多肿瘤标志物蛋白芯片。研究多肿瘤标志物蛋白芯片检测中图像分析处理过程对检测结果的影响，发现切割测量法比直接测量法具有较强的去除图像干扰作用，在利用多肿瘤标志物蛋白芯片检测系统进行最终结果测定前，必须进行正确的图像分析、分割处理，才能保证临床检验结果的准确性[59]。

（2）红外热像定量技术

基于红外辐射原理，以人体为辐射源，采用红外扫描技术，探测人体红外辐射，经过一系列信号处理，把不可见的体表温度变化转变为可视性的和可定量的红外热图，实现了机能与结构多元信息的转换和表达，为探索机能信息和结构信息的内在联系开辟了新的途径，在疾病诊断、肿瘤研究、疼痛研究、神经定位、针刺效应及人体异常信息的无创监测等领域得到广泛的应用。如应用红外热像仪对转染 pcMV、pcDNA 载体的实验裸鼠成瘤与转移进行监测研究，通过采集裸鼠全身热图，采用软件定位、定量、统计学处理，并进行病理观察，结果表明红外热像仪可准确监测实验裸鼠定位定量的实效信息[60-62]。

（3）皮肤镜图像分析技术

皮肤镜图像分析技术将皮肤病学的临床宏观图像与组织病理学的微观图像科学地联系起来，其用于皮肤病的诊断具有一定的敏感性和特异性。偏振光皮肤镜数字图像分析技术是一种以获取色素性皮损数字图像信息为基础的定量智能化系统，对减少或排除皮肤表面、皮沟和皮嵴产生的多种反射光干扰，较大提高了皮肤图像尤其是色素性皮损图像的色素形态分布模式与特征的可视性，并将局部病灶图像连续变倍放大到 20 ~ 200 倍，能观察到表皮、皮沟、皮嵴、皮丘、表皮与真皮交界处和真皮上部的微细结构及各种色素形态排列分布模式，为某些色素性皮损的诊断和鉴别诊断提供参考依据。在区分色素性皮损系良性还是恶性的准确率达 93%。优点是终端对终端，诊断结果客观，减少了人为误差，重复性好。该技术可用于色素痣、蓝痣、Spitz 痣、非典型痣、黑素瘤、色素型基底细胞癌、脂溢性角化病等色素性皮肤病的诊断。建立国人皮肤黑素细胞肿瘤（MT）图像智能化分类与识别方法。采用皮肤镜法获取 MT 图像信息，提出自生成神经网络的自适应聚类分割与特征提取算法，定量分析 MT 的形状不对称（AY）、形状偏心率（EY）、边界凹陷率（BDR）、过渡区辐射不均匀度（URTA）、颜色多样性（CD）、纹理相关性（TC）六个特征，结合组合神经网络分类器对 MT 的良、恶性进行分类与识别，经病理验证与统计学分析，结果表明皮肤镜 MT 图像分析法，可有效实现 MT 良、恶性分类与自动识别，为解决国人皮肤恶性黑素瘤的智能化识别瓶颈问题奠定了基础。应用多光谱皮肤显微偏振光与数字图像处理技术，测量目标皮损形状、面积、灰度、积分光密度及色素颜色参数的变化等，该系统是一种潜力较大的皮肤表面色素定量工具，客观性和重复性好，灵敏度高，不对观察对象造成损伤，在临床获得满意效果。此外，针对皮肤镜黑色素细胞瘤图像，提出一种基于自生成神经网络的自动分割算法。该方法能够自适应确定聚类数目并准确分割黑色素细胞瘤图像。应用皮肤计算机图像分析（computer digital image analysis，CDIA）系统对白癜风患者正常皮肤与皮损进行了测定与研究，应用 CDIA 系统对患者正常皮肤与白斑皮损的平均光密度和积分光密度以及白斑皮损面积的测定评定，将其量化的指标进行对比分析，更具客观性和科学性，可为白癜风治疗的临床疗效判断提供可靠的客观依据。针对黑素细胞肿瘤（melanocytic tumor, MT）图像情况复杂，较难分割的问题，提出了一种综合数字图像分割算法，探讨 MT 的早期诊断，结果表明该方法优于传统的大津阈值法、K 均值法和活动轮廓法，同时对过去基于 SRM 的 MT 图像分割方法进行了改进，在处理复杂 MT 图像时效果明显好于传统方法[63–71]。

（4）骨形态计量技术

大块骨组织由于不脱钙切片制作技术难度高，随着生物材料、人工金属植入材料在骨科临床的大量应用，建立大块骨组织实用和有效的数字图像采集方法，获取高质量的大块骨组织整体图像，使之应用体视学原理进行较为精确的图像分析，成为迫切需要解决的问题。利用普通玻片上的大组织标本、硬组织切片机切取的不脱钙塑料包埋大块骨组织标本及旋转切割机切取的含金属植入物的塑料包埋磨片标本，分别采用普通显微镜、大视野显微镜、自动显微镜及图像拼接软件采集，同时采用胶片扫描仪、台式背透扫描仪及高分辨数码相机进行采集比较，结果表明上述各方法在一定程度均能满足大块骨组织图像采集及体视学分析需求，同时在标本适应性、视野规模、成像质量方面总结出各自优、缺点以及相应技术方法。分别应用显微 CT 和组织切片技术分析不同类型的骨组织标本，并从标本处理、表达形式与测试指标等方面比较两者的差异，结果表明显微 CT 在反映骨组织三维结构特征和对骨组织“量”与“质”变化的精确测量方面明显优于组织切片技术；而组织切片技术对反映标本局部的细胞形态和生长发育变化等方面则更具优势[72–74]。

（5）其他疾病研究中的应用

生物医学体视学和图像分析技术在其他多种疾病病理变化、机制和防治研究中也有所应用。如联合应用 RT–PCR、ISH、IHC、FCM 及图像分析技术进行糖尿病分子发病机理的研究，并发现联合抗氧化微量营养素对肾脏超微结构的保护作用[75–77]。研究血管性痴呆（VD）皮肤基底细胞微管的生物学诊断意义，使用体视学方法对 VD 和正常健康老年人皮肤基底细胞微管进行测量，用图像分析仪进行定量分析，结果表明 VD 患者基底细胞微管定量分析有可能为 VD 诊断提供一种非神经系统的生物学诊断指标[78]。

采用卡瓦列里原理测量颅内血肿体积，并与 CT 定量进行了比较研究，结果表明卡瓦列里原理测定颅内血肿体积法的结果是非常准确的[79, 80]。

综上，生物医学体视学学科在新观点、新理论以及新方法、新技术、新成果等方面均取得突出成绩，尤其在 2012 年首届中国体视学学会科学技术奖评审中，生物医学领域获学会科技进步奖一等奖和二等奖各 1 项，占学会奖项一半。

（三）不断丰富生物医学体视学相关专著和教材

近 5 年来，生物医学分会的专家学者共同努力，出版相关专著 10 余部，丰富了体视学相关学科理论，普及了体视学理论和方法，促进了体视学技术方法在生物医学相关领域的应用，为培养相关领域专门人才发挥重要作用。

近 5 年出版的专著和教材主要有：由生物医学分会主任委员彭瑞云教授、秘书长李杨副教授主编的研究生教学用教材《形态计量与图像分析学》（军事医学科学出版社，2012）和《现代实验病理学技术》（军事医学科学出版社，2012）；生物医学分会副主任委员张桂珍教授主编的《临床检验诊断学进展第二版》（吉林出版社，2012）；副主任委员杨正伟教授主编的《生物组织形态定量研究基本工具——实用体视学方法》（科学出版社，2012）；生物医学分会委员潘林主编、彭瑞云等副主编、李杨、徐新萍、王晓民等老师参与编写的《实验病理学技术图鉴》（科学出版社，2012），内容涉及体视学的概念及其应用等；名誉主任委员王德文教授主编、彭瑞云教授等副主编《反恐应急救援》（人民军医出版社，2011，2012 年再版），该专著中反映了应用形态计量学的研究成果，已配发公安、武警、军内外数百单位，已对社会人员公开发行；彭瑞云、王德文主编，李杨副主编的《军事医学病理学》（高等教育出版社，2008）和《实验细胞学》（军事医学科学出版社，2008）作为研究生教材已应用多年，受到本院研究生、导师及单位领导的一致好评。唐勇教授参编的《组织化学与免疫细胞化学》（人民卫生出版社，2009）、《组织学与胚胎学实验技术》（人民卫生出版社，2009）和《人体显微形态学实验》（科学出版社，2008）也包括生物医学体视学的相关内容。

三、国内外发展比较

国外“体视学”在生物医学研究中的应用广泛，而且起步较国内早，国内最早的生物医学体视学相关书籍，基本都是国外有关专著的译著。几乎基础医学中的各个学科都在研究中应用生物医学体视学的相关方法，尤其是图像分析技术应用更为广泛，包括解剖学、组织胚胎学、病理学、免疫学、病理生理学、药理和毒理学、分子生物学、遗传学以及流行病学等，临床医学研究中也多有应用，其应用领域与国内类似。

（一）“体视框”在生物医学研究中的应用和发展

1984 年 Sterio DC[81]首次提出“体视框”（disector）的概念，体视框由一平面内的测试框和另一与之相距一定距离的平行平面构成。其无偏法则是：抽选或计数那些被体视框的测试框所截（遵循禁线法则），而不被对照平面所截（即不在该平面上形成任何轮廓）的粒子。此后，H Gundersen 等在自发性高血压病大鼠肠系膜血管增生的研究中进一步明确体视框的概念及其方法[82]，并于 1988 年撰文详细论述了体视框的概念、方法及其在病理学研究和临床诊断中的应用[83]。此后，其方法进一步完善，应用不断拓展。根据发表文献情况，国外生物医学研究中体视框的应用远较国内更为广泛，其发表相关文献量为国内的 10 余倍。

近 5 年体视框在生物医学中主要应用于组织胚胎学和病理学的研究，光学体视框和物理体视框都有应用。文献报道最多的是在神经系统发育或生理病理条件下神经元、神经胶质细胞的数目、密度和体积、突触的密度等参数[84-99]；另一个应用较多的领域是肾脏的发育和生理病理条件下肾单位、肾小球或足细胞的数目、密度等参数[100-108]；此外，也有研究应用体视框研究肝细胞的总数和数密度[109]、心肌细胞及其胞核的数目和体积、蒲肯野细胞的数目[110-111]、胎盘滋养层细胞的体积和数目[112]、胰腺 β 细胞的数目和体积[113]等。并将体视框与荧光显微镜技术相结合，建立荧光体视框（fluorescent disector）方法[114]。

综上，国外“体视框”在生物医学研究中的应用较国内更为广泛、深入，尤其是在组织胚胎学研究中有较多应用，国内相关文献报道较少。

（二）其他体视学方法在生物医学研究中的应用和发展

除“体视框”以外，国外文献报道中其他体视学方法在生物医学研究中的应用主要包括以下领域：用于胎盘形态学研究[115, 116]：包括绒毛的生长、胎儿胎盘的血管发生、滋养层的更新、动脉血管的重建等；皮肤病学研究[117]；肺[118]和肾等组织结构研究。

国内外在神经系统和生殖系统的结构、发育和相关病理研究中，体视学的应用水平基本接近；体视学在皮肤病学研究中的应用国内领先于国外；在三维重建方面国内进行的研究少于国外。

近些年，纳米技术与电镜和体视学相结合，成为在结构生物学及结构相关的生物医学研究中的新工具[119-121]，尤其在超微结构的研究中。纳米金颗粒具有化学稳定、电子密度高、与生物分子亲和力强等优势，采用透射电镜和体视学方法相结合，可以分析纳米金或其他纳米颗粒在细胞、组织和器官的分布、计数以及细胞对其摄取；利用透射电镜技术（包括冰冻蚀刻、负染、低温负染等技术）等实现生物纳米结构的可视化。此方面的研究国内的相关报道较少。

（三）图像分析技术在生物医学研究中的应用和发展

国内外生物医学研究中，图像分析技术的应用更为广泛，几乎涉及生物医学基础研究和临床研究的各领域，除与传统病理学和分子病理学的研究方法相结合，实现其定量分析，并且与细胞生物学、分子生物学和分子遗传学等多学科交叉，实现蛋白、DNA、RNA、染色体等检测的定量分析。此外，一些高通量的检测方法包括蛋白二维电泳、基因芯片的结果也通过图像分析实现高通量的定量检测。

图像分析技术通过与传统病理学和分子病理学研究中的多种技术方法结合，实现了正常或在不同疾病或理化因素损伤条件下，细胞的形态、超微结构、增殖、凋亡及分化状态以及组织器官的结构、功能变化、乃至蛋白、DNA 和 RNA 等分子在组织中的表达及其意义的定量分析。如通过 IgA（+）的免疫组化染色结合图像分析，定量研究小肠 IgA（+）阳性细胞数，判断其增殖情况[122]；通过图像分析与上皮细胞进行遗传标记相结合，对肾发生过程中肾单位与集合系统的过程进行研究[123]；通过慢病毒转染铁蛋白，标记外源性神经干/祖细胞，利用图像分析 MRI 检测结果，研究细胞移植后的分布[124]。利用活细胞图像分析技术研究巨噬细胞中吞噬小体形成的机制[125]。此外，采用图像分析与放射自显影技术相结合的方法，研究论肿瘤细胞的转移能力，也有关于活细胞荧光图像的定量分析的报道。与延时显微照相技术（time-lapse microscopy）结合，研究晶胚的发育以及实时定量分析伤口的愈合情况[126-128]；在信号转导研究中的应用，主要是通过与免疫荧光染色相结合，定量检测受体的定位、信号分子的共定位及其在不同病理生理过程中的表达量和表达部位（如某些信号分子活化后的核转位）的变化。

图像分析技术的相关研究及其在生物医学中的应用，国内与国外的应用领域、研究水平基本接近。

（四）新程序或软件在生物医学体视学研究中的建立与应用

根据生物医学研究中出现的实际问题进行新程序和软件的设计，以及建立相关数据库。如 γH2AX 是 DNA 损伤的标志物，其检测在基础研究和临床均有重要意义，在个体的放射敏感性、对放疗的敏感性的判断以及生物计量学研究中均有重要价值，据此需求建立了其自动分析的算法和程序[129]。肿瘤研究中的应用也是一个重要领域，建立了肿瘤图像分析数据库 CAIMAN（cancer image analysis：http：//www.caiman.org.uk），用于肿瘤研究相关的图像分析，尤其是血管生物学。细胞形态学对于血液系统恶性肿瘤的诊断具有重要意义，CellaVisionDM8/96TM 是一自动显微照相和图像分析软件，可以识别白细胞、红细胞及进行血小板计数[130]。

在生物医学研究中，建立新的程序或软件进行体视学研究或图像分析以满足研究需求，国内外在此领域水平基本接近。

（五）国际体视学大会促进了生物医学体视学研究的国内外发展比较

国际体视学大会是国际体视学学会的重要活动之一，每四年举行一次。继在哥本哈根（1995）、墨尔本（1999）、圣地亚哥（2003）的前几届国际体视学大会以及第 11 届国际体视学大会北京卫星会议（2003）的成功举办，第 12 届国际体视学大会于 2007 年 8 月 30 日至 9 月 7 日在法国的圣太田市召开，第 13 届国际体视学大会于 2011 年 10 月 19 日至 23 日在我国北京清华大学成功召开。这次大会收到了来自丹麦、法国、德国、美国、比利时、澳大利亚等 17 个国家和地区的 212 篇论文投稿，其中生物医学体视学领域的论文共 75 篇。国际体视学学会所有执委和来自 16 个国家的约 200 位代表参加了本次大会，现代体视学奠基人之一 H. Gundersen 教授以及 11 位在体视学、生物医学、材料科学、图像技术等领域的世界级专家为大会做了精彩的专题报告，大会设立了体视学方法、生物医学、材料科学、图像与 CT 技术分会场，以及张贴报告分会场。其中生物医学分会场共有 40 位来自不同国家的学者进行了分会场报告，另有 35 篇论文进行了张贴展示。

国际体视学大会促进了我国生物医学体视学工作者与该领域国外学者的交流，不仅及时了解国际生物医学体视学的研究现状和发展动态，也展示了我国生物医学体视学的研究成果，尤其是在北京举办的第十一届国际体视学大会北京卫星会议（2003）和第十三届国际体视学大会（2011）更大范围地促进了我国生物医学体视学工作者与国际的交流协作，对我国生物医学体视学研究具有重要的推动作用，也使国外学者对于我国生物医学体视学的研究有了较全面而深入的了解。

四、我国发展趋势

近年来，由于生命科学的前沿学科如分子生物学等技术的进步以及计算机和图像分析技术的广泛应用，生物医学的诸多形态学科包括解剖学、组织胚胎学、细胞生物学和病理学等正向两方面发展：一方面，计算机和图像分析技术的应用，使形态科学由简单的形态描述向量化方面发展，由直接观察显微照像向远程远输“间接”观察，因此产生了生物医学体视学和远程生物医学；另一方面，由于分子生物学、生物化学、免疫学和分子遗传学等学科的发展，并与形态学科交叉、渗透，因此产生了分子形态学。诸多形态学科由于上述定量分析技术及分子生物学技术的广泛应用，由此产生了定量分子生物学，它可使人们在生物大分子和基因水平“量化”认识疾病本质。

未来五年，随着体视学学科的发展和生物医学领域应用需求的不断增加，生物医学体视学基础理论、新方法和新设备的研究将不断深入；利用体视学的理论、方法和设备去寻求解决生物组织显微图像的描述和测量的新方法、新软件、新设备将不断问世；利用生物医学体视学的原理和方法，定量阐明生物组织的规律和本质研究范围将不断扩大，主要有以下两个方面。

（一）不断完善和建立生物医学体视学方法

随着对体视学基础理论认识的不断深入，生物医学定量研究的需求的增加，一方面，已有的生物医学体视学方法更加完善和规范；另一方面，不断建立新的生物医学体视学方法。相信现有的生物医学体视学方法将会更加完善和规范，并将会有针对不同生物组织显微图像的描述和测量的新方法、新软件乃至新设备不断问世。

（二）不断扩大生物医学体视学方法应用范围

在定量揭示生物医学领域中重要科学问题方面，体视学方法不仅可以进行机体正常形态结构各种组分的测量、机体生理功能的定量检测以及形态与功能结合的参数测定，而且可以进行机体特殊组织结构与功能、医学影像的定量检测、病理组织形态参数等测定；既可以与经典技术手段如常规病理技术、组织细胞的特殊染色及组织化学技术、电镜技术、免疫组织化学技术等结合应用，更可以与分子生物学如原位杂交、PCR 和原位 PCR 技术、原位末端标记技术、Western Blot、芯片技术等多种蛋白和基因操作技术以及流式细胞仪、共聚焦激光扫描显微镜和原子力显微镜等方法结合使用。

五、我国发展的建议

（一）进一步做好生物医学体视学科普知识宣传

鉴于体视学和生物体视学尚未纳入我国本科教育体系，我国研究生教育中仅有少数单位开设生物体视学相关课程，相当数量的从事医学和生物学教学、科研和临床的科技工作者中对体视学知之甚少或完全不知的现状，应采用不同形式、利用不同的渠道如会员日活动、建立网站、研究生教学、学术会议专题报告和培训班专门培训等，介绍体视学原理、方法、新技术及其在生物医学中的应用，扩大生物医学体视学的影响，培训从事体视学专业人才，引领生物医学领域应用体视学新理论和新方法，从而进一步发展体视学的理论和方法，全面提升我国体视学和生物医学研究中水平和学术地位。

（二）建议制定生物医学体视学方法国家规范和标准，增加技术培训

生物医学体视学是采用体视学原理和方法，将生物组织观察结果进行量化的学科。将数学问题引入生物医学研究，可使研究结果更为客观、准确。但如果在实际应用过程中，

使用不恰当的生物医学体视学方法，将会造成很大的误差而使结果不可信。为此，对研究结果采用生物医学体视学方法进行定量分析时，应采用统一标准和规范。目前关于生物医学体视学和图像分析的多个参数测量、计算和分析的方法缺乏统一的国家标准，影响其参数的客观性和可比性。

建议将经常性国外先进的体视学技术方法引入国内，将体视学理论和方法与仪器、软件等融合，并依据体视学理论，根据研究需要开发新软件。增加生物医学体视学技术方法的培训，包括专业性培训和科普性培训，努力提高体视学方法在生物医学研究中的应用。

（三）建议在本科教育中开设“体视学”和“生物医学体视学”课程

生物医学体视学是采用体视学原理和方法，解决生物医学中面临的科学问题。由于体视学和生物医学体视学在国内大学本科教学尚未开展，因此在生物医学领域中，对体视学的概念、原理和方法，生物医学体视学相关知识普及和应用不够。鉴于此，建议我国在大学本科教育中开设“体视学”和“生物医学体视学”课程，设置体视学和生物医学体视学专业，以便更好普及和推广生物医学体视学原理、方法和应用领域，发挥体视学应有的作用和推动生物医学领域相关学科的发展。

（四）建议我国增加“体视学”和“生物体视学”学科

生物体视学是体视学的一个分支，是用体视学的原理和方法研究生物组织结构，并根据生物组织的结构特点，探讨相应的体视学测算方法的学科。体视学和生物体视学作为独立学科已在我国实际应用半个世纪之久，且在国际体视学和生物体视学领域中均有重要地位（唐勇教授现任国际体视学学会副主席）。

但迄今，“体视学”和“生物体视学”学科尚未纳入国家学科体系，在大学本科、研究生、继续教育乃至科研项目申请等众多方面均不利该学科的发展，不利于我国相关人才培养，不利于生物医学等相关学科的发展，同时也限制了体视学和生物体视学在众多领域的推广应用。

鉴于此，建议在《中华人民共和国学科分类与代码国家标准》（GB/T 1745—92）中增加“体视学”和“生物体视学”学科。相信随着体视学和生物体视学纳入国家学科体系，必将促进体视学和生物体视学学科的发展，推动该学科在生物医学等众多学科的应用，全面提升体视学和生物医学相关学科的研究水平和人才培养能力。

参考文献

［1］Yang S，Li C，Lu W，et al. The myelinated fiber changes in the white matter of aged female Long-Evans rats［J］. J Neurosci Res，2009，87（7）：1582-1590.

[2] Zhang W，Yang S，Li C，et al. Stereological investigation of age-related changes of myelinated fibers in the rat cortex[J]. J Neurosci Res，2009，87（13）：2872-2880.

[3] Li C，Yang S，Zhang W，et al. Demyelination induces the decline of the myelinated fiber length in aged rat white matter[J]. Anat Rec（Hoboken），2009，292（4）：528-535.

[4] 张蕾，卢伟，闵琦理，等. 大鼠大脑海马结构内有髓神经纤维髓鞘老年性改变的体视学研究[J]. 第三军医大学学报，2010，32（19）：2053-2057.

[5] Xu Q，Lu W，Qiu X，et al. Age related changes in the myelinated fibers of corpus callosum[J]. Neurosci Lett，2011，499（3）：208-212.

[6] 闵琦理，徐琀，卢伟，等. 大鼠胼胝体中段和压部体积及有髓神经纤维老年改变的体视学研究[J]. 第三军医大学学报，2010，32（20）：2185-2188.

[7] 黄春霞，仇玄，卢伟，等. 短期丰富生存环境干预下中老年大鼠海马结构有髓神经纤维的性别差异[J]. 第三军医大学学报，2010，32（6）：546-549.

[8] Zhao Y Y，Shi X Y，Qiu X，et al. Enriched environment increases the myelinated nerve fibers of aged rat corpus callosum. Anat Rec（Hoboken），2012，295（6）：999-1005.

[9] 卢芳，张蕾，卢伟，等. 胼胝体额区有髓神经纤维髓鞘超微结构老年改变的体视学研究[J]. 第三军医大学学报，2011，33（23）：2476-2479.

[10] 黄春霞，仇玄，卢伟，等. 短期丰富生存环境干预下中老年大鼠海马结构有髓神经纤维的性别差异[J]. 第三军医大学学报，2010，32（6）：546-549.

[11] 徐琀，李琛，杨姝，等. 运用新的体视学方法研究大鼠胼胝体级胼胝体额区有髓神经纤维[J]. 第三军医大学学报，2009，31（1）：56-59.

[12] 师晓燕，赵圆宇，卢伟，等. 运用新的体视学方法定量研究大鼠海马结构神经元和突触数目[J]. 第三军医大学学报，2011，33（13）：1328-1332.

[13] 涂开成，曹珍山，叶常青，等. 辐射剂量—效应研究中的数学模型及应用[J]. 中国辐射卫生，1993，2（3）：107-110.

[14] 王灏，申洪，白晓燕. 基于虚的体视学模型仿真与分析[J]. 南方医科大学学报，2008，28（5）：767-773.

[15] 王灏，申洪. 一种可视化空间随机分布粒子系统[J]. 中国体视学与图像分析，2008，13（2）：121-128.

[16] 张桂林，刘尚喜，邓燕，等. 免疫化学染色图像分析法检测细胞核因子[J]. 第一军医大学学报，2003，23（5）：498-500.

[17] 涂开成，曹珍山，叶常青，等. 急性放射病外周血细胞计数与照射剂量和照后时间的定量关系[J]. 中国辐射卫生，1996，5（2）：65-69.

[18] 李朋军，夏潮涌，覃莉，等. 成人正常肝和肝细胞癌DNA干系倍体的组织原位分析[J]. 中国体视学与图像分析，2009，14（3）：279-282.

[19] 魏清柱，夏潮涌，刘江欢. 滤光片对细胞核DNA含量检测的影响[J]. 中国体视学与图像分析，2009，14（3）：292-295.

[20] 张佳立，张江宇，焦红丽，等. 液基细胞学涂片DNA倍体分析与HPV检测在宫颈病变筛查中的比较[J]. 中国体视学与图像分析，2010，15（2）：171-175.

[21] 魏清柱，夏潮涌，刘江欢. 组织切片对细胞核DNA含量检测的影响[J]. 中国体视学与图像分析，2008，13（4）：259-263.

[22] 赵品，夏潮涌. 组织原位测算单个肝细胞核的DNA总量[J]. 中国体视学与图像分析，2010，15（1）：74-78.

[23] 杨正伟. 生物体视学新工具－光学体视框[J]. 中国体视学与图像分析，1998，3（1）：50-54.

[24] 唐慧，周岩，吴亮生. 突触素标记结合光学体视框计数神经终末膨大[J]. 农垦医学，2002，24（3）：239-240.

[25] 吴亮生，王蕾，马玉琼，等. 大鼠松果体的神经支配免疫组织化学及光镜体视学研究[J]. 解剖学报，

2005，36（3）：288–291.
［26］郭敏，Niels Marcussen. 锂导致大鼠慢性肾功能不全时肾小球毛细血管数目的改变［J］. 中国体视学与图像分析，2000，5（4）：217–220.
［27］陈肖华，王德文，高亚兵，等. 立体定向照射所致脑损伤病理及靶区的三维重建研究［J］. 中国体视学与图像分析，2000，5（4）：193–200.
［28］夏国伟，何昆，崔玉芳，等. 凋亡细胞核的三维重建［J］. CT 理论与应用研究，2000，9月增刊：143–144.
［29］李幼忱，李志成，刘杰，等. 大鼠皮肤创伤愈合瘢痕的三维重建和体积定量［J］. 中国体视学与图像分析，2007，12（1）：1–5.
［30］彭瑞云，王德文，杨瑞彪，等. 放射性肝纤维化过程的定量研究［J］. 军事医学科学院院刊 1996,10（1）：36–39.
［31］白蕴红，王德文，张振声，等. 大鼠放射性肺纤维化病理过程的形态计量学研究［J］. 中国体视学与图像分析，1997，2（3）：147–150.
［32］彭瑞云，王德文，熊呈琦，等. 致死剂量辐射诱导小鼠骨髓细胞凋亡特征的研究［J］. 辐射研究与辐射工艺学报，1999，17（4）：199–203.
［33］刘英，李杨，彭瑞云，等. 利用组织芯片技术研究 C57BL/6J 和 C3H/HeN 小鼠放射性肺损伤进程差异及其机制［J］. 中国体视学与图像分析，2008，13（3）：170–176.
［34］刁瑞英，宋良文，王少霞. IFN–gama 拮抗射线刺激肺成纤维细胞增殖的机制研究［J］. 中华放射医学与防护杂志，2008，28（1）：13–16.
［35］王瑞娟，彭瑞云，高亚兵，等. IL–1 保护中子照射后肠上皮损伤的 Jak/STAT 信号转导机制研究［J］. 细胞与分子免疫学杂志，2009，25（1）：27–30.
［36］常公民，彭瑞云，高亚兵，等. PI3K 激活 NF–κB 信号通路保护中子辐射致 IEC–6 细胞损伤［J］. 中国科学生命科学，2011，41（10）：913–918.
［37］王少霞，李杨，杨蕾蕾，等. 大鼠放射性肺损伤进程中 PAI–1、P21WAF1/CIP1、α–SMA 和 PCNA 表达的变化及意义［J］. 中国体视学与图像分析，2011，16（4）：400–407.
［38］刘燕青，彭瑞云，高亚兵，等. 微波辐射对大鼠窦房结组织结构的影响［J］. 中国体视学与图像分析，2012，17（3）：262–268.
［39］马迪，彭瑞云，高亚兵，等. 微波辐射对大鼠海马组织结构及其能量代谢的影响［J］. 中国体视学与图像分析，2010，15（4）：420–423.
［40］宋薇，彭瑞云，高亚兵，等. 微波辐射对大鼠造血组织形态和功能的影响研究［J］. 解放军医学杂志，2011，36（3）：297–300.
［41］陈浩宇，王水明，彭瑞云，等. 微波长期辐射对雄性生殖的影响研究［J］. 中华男科学杂志，2011，17（3）：214–218.
［42］吴惠，王水明，左红艳，等. 不同波段电磁辐射致大鼠 Sertoli 细胞 SOX9 和 WTl 表达的影响［J］. 中华放射医学与防护杂志，2012，32（1）：47–51.
［43］李翔，彭瑞云，胡向军，等. 微波辐射对大鼠海马 VEGF 及其受体 FLK1 表达的影响研究［J］. 中国体视学与图像分析，2010，15（4）：415–419.
［44］赵黎，彭瑞云，高亚兵，等. HIF–1α/ERK 通路活化调控微波长期辐射致大鼠海马神经元线粒体损伤［J］. 中国科学：生命科学，2011，41（10）：945–950.
［45］林涛，左红艳，王德文，等. 微波辐射对 PC12 细胞 Raf/MEK/ERK 信号通路相关分子表达的影响［J］. 生物物理学报，2010，26（10）：929–935.
［46］廖波，邓显忠，代小思，等. 成年 SD 大鼠睾丸网的分布［J］. 川北医学院学报，2010，25（3）：199–208.
［47］赵圆宇，王亚平，郭洋，等. 放大倍数和包埋介质对睾丸组织体视学研究的影响［J］. 中国体视学与图像分析，2010，15（2）：191–194.
［48］赵圆宇，王亚平，郭洋，等. 切片位置对兔睾丸组织体视学研究的影响［J］. 中国体视学与图像分析，

2010，15（4）：428–431.
［49］林菁艳，彭彬，杨正伟，等. 石蜡包埋与切片染色对大鼠脊髓腰膨大体积的影响［J］. 重庆医科大学学报，2010，35（12）：1856–1858.
［50］陈业民，侯铜川，柏争鸣，等. 重症肺炎模型定量病理学［J］. 西南军医，2008，10（5）：10–12.
［51］郑锦花，朴松兰，刘佳南，等. 抗氧化微量营养素对Ⅰ型糖尿病小鼠肾脏保护作用的超微结构观察及定量分析［J］. 营养学报，2010，32（5）：463–469.
［52］申洪，陆药丹，张义勋，等. 肺癌细胞学亚型巴氏染色的计算机图像色度学定量分析［J］. 生物物理学报，1994，10（2）：323–327.
［53］张金添，申洪，蔡鼎男. 食管鳞癌显微结构的体视学研究［J］. 实用医学杂志，2009，25（9）：1365–1367.
［54］江朝娜，申洪. 胃管状上皮性肿瘤细胞三维结构的体视学研究［J］. 中国体视学与图像分析，2009，14（4）：419–422.
［55］丁晓平，申洪. 大肠癌的体视学定量诊断研究［J］. 实用肿瘤学杂志，1999，13（4）：260–262.
［56］吴正蓉，申洪. 大肠腺癌、腺瘤及正常组织中线粒体形态结构的体视学研究［J］. 中国体视学与图像分析，2002，7（2）：90–94.
［57］李朋军，夏潮涌，覃莉，等. 成人正常肝和肝细胞癌 DNA 干系倍体的组织原位分析［J］. 中国体视学与图像分析，2009，14（3）279–282.
［58］黄泽萍，申洪. 甲状腺上皮性肿瘤显微结构的体视学研究［J］. 中国体视学与图像分析，2006，11（2）：113–116.
［59］薄立华，吴晓冬，郭志良，等. 多肿瘤标志物蛋白芯片检测中图像分析处理过程对检测结果的影响［J］. 中国体视学与图像分析，2012，17（2）：156–161.
［60］吕少文，李红，何文彤，等. 成年男性额面颈部红外热像的定位定量研究［J］. 中国体视学与图像分析，2003，8（3）：170–172.
［61］吕少文，张国权，李红，等. 肝细胞成瘤与转移实验裸鼠的红外热像监测［J］. 激光与红外，2006，36（7）：574–575.
［62］吕少文，赵丽君，李红，等. 人体红外热图像分析技术的应用原理和意义［J］. 中国体视学与图像分析，2002，7（3）：150–152.
［63］谢凤英，秦世引，姜志国，等. 基于改进自生成神经网络的皮肤镜黑色素细胞瘤图像分割［J］. 中国体视学与图像分析，2008，13（4）：246–249.
［64］孟如松，孟晓，姜志国，等. 基于国人皮肤镜黑素细胞肿瘤图像的智能化分类与识别研究［J］. 中国体视学与图像分析，2012，17（3）：191–199.
［65］孟如松，赵广. 皮肤镜图像分析技术的基础与临床应用［J］. 临床皮肤科杂志，2008，37（4）：264–267.
［66］孟如松，赵广，孟晓，等. 皮肤镜图像分析技术对基底细胞癌的诊断及在临床应用中的研究［J］. 中国体视学与图像分析，2009，14（4）：363–368.
［67］孟如松，孟晓，赵广，等. 皮肤镜图像分析技术对颜面部肿瘤的诊断价值［J］. 中国肿瘤，2008，17（6）：510–512.
［68］孟如松，蔡瑞康，孟晓，等. 皮肤镜图像分析技术用于白癜风的诊断与疗效观察［J］. 中国体视学与图像分析，2009，14（4）：357–362.
［69］Xie F Y，Qin S Y，Jiang Z G，et al. PDE-based unsupervised repair of hair-occluded information in dermoscopy images of melanoma［J］. Comput Med Imaging Graph，2009，33（4）：275–282.
［70］孟如松，蔡瑞康，赵广，等. 偏振光皮肤镜数字图像分析技术的研究及在色素性皮损诊断中的探讨［J］. 中国体视学与图像分析，2006，11（2）：122–126.
［71］孟如松，赵广，蔡瑞康，等. 偏振光皮肤镜图像分析技术在临床上开发应用的研究［J］. CT 理论与应用研究，2009，18（1）：88–93.
［72］王军，吕荣，吕宏升，等. 大块骨组织体视学研究的图像采集与分析［J］. 中国体视学与图像分析，

2004，9（1）：7-13.

［73］王军，毕龙，白建萍，等. 显微 CT 骨标本扫描的伪影评估与消减控制［J］. 中国体视学与图像分析，2009，14（1）：85-92.

［74］王军，毕龙，白建萍，等. 显微 CT 与组织切片技术在骨形态计量研究中的比较［J］. 中国矫形外科杂志，2009，17（5）：381-384.

［75］张桂珍，杜珍武，朴松兰. 定量分子病理学技术在糖尿病研究中的应用［J］. 中国体视学与图像分析，2008，13（3）：166-169.

［76］郑锦花，朴松兰，刘佳南，等. 抗氧化微量营养素对 I 型糖尿病小鼠肾脏保护作用的超微结构观察及定量分析［J］. 营养学报，2010，32（5）：463-469.

［77］郑锦花，朴松兰，刘佳南，等. 联合抗氧化微量营养素对小鼠胰岛细胞保护作用的超微结构与形态计量学研究［J］. 中国体视学与图像分析，2009，14（3）：302-307.

［78］贾艳滨，肖计划，刘萍，等. 血管性痴呆皮肤基底细胞微管的体视学定量研究［J］. 中国病理生理杂志，2003，19（3）：408- 409，422.

［79］张逵. 体视学法与尺量法测定颅内血肿体积的对比研究［J］. 川北医学院学报，2001，16（2）：9-10.

［80］张逵. 卡瓦列里原理在测量颅内血肿体积中的应用［J］. 数理医药学杂志，2002，15（5）：458-459.

［81］Sterio DC. The unbiased estimation of number and sizes of arbitrary particles using thedisector［J］. J Microsc，1984，134（Pt 2）：127-136.

［82］Mulvany M J，Baandrup U，Gundersen H J. Evidence for hyperplasia in mesenteric resistance vessels of spontaneously hypertensive rats using a three-dimensional disector［J］. Circ Res，1985，57（5）：794-800.

［83］Gundersen H J，Bagger P，Bendtsen T F，et al. The new stereological tools：disector，fractionator，nucleator and point sampled intercepts and their use in pathological research and diagnosis［J］. APMIS，1988，96（10）：857-881.

［84］Khundakar A，Morris C，Oakley A，et al. Morphometric analysis of neuronal and glial cell pathology in the dorsolateral prefrontal cortex in late-life depression［J］. Br J Psychiatry，2009，195（2）：163-169.

［85］Porzionato A，Macchi V，Parenti A，et al. Morphometric analysis of infant and adult medullary nuclei through optical disector method［J］. Anat Rec（Hoboken），2009，292（10）：1619-1629.

［86］Kaplan S，Geuna S，Ronchi G，et al. Calibration of the stereological estimation of the number of myelinated axons in the rat sciatic nerve：a multicenter study［J］. J Neurosci Methods，2010，187（1）：90-99.

［87］Jinno S. Topographic differences in adult neurogenesis in the mouse hippocampus：a stereology-based study using endogenous markers［J］. Hippocampus，2011，21（5）：467-480.

［88］Khundakar A，Morris C，Oakley A，et al. A morphometric examination of neuronal and glial cell pathology in the orbitofrontal cortex in late-life depression［J］. Int Psychogeriatr，2011，23（1）：132-140.

［89］Alcantara A A，Lim H Y，Floyd C E，et al. Cocaine- and morphine-induced synaptic plasticity in the nucleus accumbens［J］. Synapse，2011，65（4）：309-320.

［90］Khundakar A，Morris C，Oakley A，et al. Morphometric analysis of neuronal and glial cell pathology in the caudate nucleus in late-life depression［J］. Am J Geriatr Psychiatry，2011，19（2）：132-141.

［91］Peng B，Lin J Y，Shang Y，et al. Plasticity in the synaptic number associated with neuropathic pain in the rat spinal dorsal horn：A stereological study［J］. Neurosci Lett，2010，486（1）：24-28.

［92］Stark A K，Gundersen H J，Gardi J E，et al. The saucor，a new stereological tool for analysing the spatial distributions of cells，exemplified by human neocortical neurons and glial cells［J］. J Microsc，2011，242（2）：132-147.

［93］Ishiyama G，Geiger C，Lopez I A，et al. Spiral and vestibular ganglion estimates in archival temporal bones obtained by design based stereology and abercrombie methods［J］. J Neurosci Methods，2011，196（1）：76-80.

［94］Lin J Y，Peng B，Yang Z W，et al. Number of synapses increased in the rat spinal dorsal horn after sciatic nerve transection：a stereological study［J］. Brain Res Bull，2011，84（6）：430-433.

[95] Walløe S, Nissen U V, Berg R W, et al. Stereological estimate of the total number of neurons in spinal segment D9 of the red-eared turtle [J]. J Neurosci, 2011, 31 (7): 2431-2435.

[96] Altunkaynak B Z, Ozbek E, Aydin N, et al. Effects of haloperidol on striatal neurons: relation to neuronal loss (astereological study) [J]. Folia Neuropathol, 2011, 49 (1): 21-27.

[97] Koss W A, Sadowski R N, Sherrill L K, et al. Effects of ethanol during adolescence on the number of neurons and glia in the medial prefrontal cortex and basolateral amygdala of adult male and female rats [J]. Brain Res, 2012, 1466: 24-32.

[98] Cullen-McEwen L A, Douglas-Denton R N, Bertram J F. Estimating total nephron number in the adult kidney using the physical disector/fractionator combination [J]. Methods Mol Biol, 2012, 886: 333-350.

[99] Chaudhury S, Nag T C, Wadhwa S. Effect of prenatal auditory stimulation on numerical synaptic density and mean synaptic height in the posthatch Day 1 chick hippocampus [J]. Synapse, 2009, 63 (2): 152-159.

[100] McNamara B J, Diouf B, Hughson M D, et al. Renal pathology, glomerular number and volume in a West African urban community [J]. Nephrol Dial Transplant, 2008, 23 (8): 2576-2585.

[101] Hoy W E, Hughson M D, Zimanyi M, et al. Distribution of volumes of individual glomeruli in kidneys at autopsy: association with age, nephron number, birth weight and body mass index [J]. Clin Nephrol, 2010, Suppl 1: S105-112.

[102] Hughson M D, Hoy W E, Douglas-Denton R N, et al. Towards a definition of glomerulomegaly: clinical-pathological and methodological considerations [J]. Nephrol Dial Transplant, 2011, 26 (7): 2202-2208.

[103] Bai X Y, Basgen J M. Podocyte number in the maturing rat kidney [J]. Am J Nephrol, 2011, 33 (1): 91-96.

[104] Cullen-McEwen L A, Armitage J A, Nyengaard J R et al. A design-based method for estimating glomerular number in the developing kidney [J]. Am J Physiol Renal Physiol, 2011 300 (6): F1448-1453.

[105] Beeman S C, Zhang M, Gubhaju L, et al. Measuring glomerular number and size in perfused kidneys using MRI [J]. Am J Physiol Renal Physiol, 2011, 300 (6): F1454-1457.

[106] Nicholas S B, Basgen J M, Sinha S. Using stereologic techniques for podocyte counting in the mouse: shifting the paradigm [J]. Am J Nephrol, 2011, 1: 1-7.

[107] Puelles V G, Zimanyi M A, Samuel T, et al. Estimating individual glomerular volume in the human kidney: clinical perspectives [J]. Nephrol Dial Transplant, 2012, 27 (5): 1880-1888.

[108] Cullen-McEwen L A, Armitage J A, Nyengaard J R, et al. Estimating nephron number in the developing kidney using the physical disector/fractionator combination [J]. Methods Mol Biol, 2012, 886: 109-119.

[109] Altunkaynak B Z, Ozbek E. Overweight and structural alterations of the liver in female rats fed a high-fat diet: a stereological and histological study [J]. Turk J Gastroenterol, 2009, 20 (2): 93-103.

[110] Tang Y, Nyengaard J R, Andersen J B, et al. The application of stereological methods for estimating structural parameters in the human heart [J]. Anat Rec (Hoboken), 2009, 292 (10): 1630-1647.

[111] Idrus N M, Napper R M. Acute and long-term Purkinje cell loss following a single ethanol binge during the early third trimester equivalent in the rat [J]. Alcohol Clin Exp Res, 2012, 36 (8): 1365-1373.

[112] Fogarty N M, Mayhew T M, Ferguson-Smith A C, et al. A quantitative analysis of transcriptionally active syncytiotrophoblast nuclei across human gestation [J]. J Anat, 2011, 219 (5): 601-610.

[113] Noorafshan A, Hoseini L, Karbalay-Doust S, et al . A simple stereological method for estimating the number and the volume of the pancreatic beta cells. JOP, 2012, 13 (4): 427-432.

[114] Novaes R D, Penitente A R, Talvani A, et al. Use of fluorescence in a modified disector method to estimate the number of myocytes in cardiac tissue [J]. Arq Bras Cardiol, 2012, 98 (3): 252-258.

[115] Mayhew T M. A stereological perspective on placental morphology in normal and complicated pregnancies [J]. J Anat, 2009, 215 (1): 77-90.

[116] Mayhew T M. Stereology and the placenta: where's the point? a review [J]. Placenta, 2006, 27 Suppl A: S17-25.

[117] Kamp S, Jemec GB, Kemp K, et al. Application of stereology to dermatological research [J]. Exp Dermatol, 2009, 18 (12): 1001-1009.

[118] Tsuchida S, Engelberts D, Peltekova V, et al. Atelectasis causes alveolar injury in nonatelectatic lung regions [J]. Am J Respir Crit Care Med, 2006, 174 (3): 279-289.

[119] Sander B, Golas MM. Visualization of bionanostructures using transmission electron microscopical techniques [J]. Microsc Res Tech, 2011, 74 (7): 642-663.

[120] Brandenberger C, Rothen-Rutishauser B, Mühlfeld C, et al. Effects and uptake of gold nanoparticles deposited at the air-liquid interface of a human epithelial airway model [J]. Toxicol Appl Pharmacol, 2010, 242 (1): 56-65.

[121] Mayhew TM, Mühlfeld C, Vanhecke D, et al. A review of recent methods for efficiently quantifying immunogold and other nanoparticles using TEM sections through cells, tissues and organs [J]. Ann Anat, 2009, 191 (2): 153-170.

[122] Janjatović AK, Lacković G, Bozić F. Levamisole synergizes proliferation of intestinal IgA+ cells in weaned pigs immunized with vaccine candidate F4ac+ nonenterotoxigenic Escherichia coli strain [J]. J Vet Pharmacol Ther, 2008, 31 (4): 328-333.

[123] Kao RM, Vasilyev A, Miyawaki A. Invasion of distal nephron precursors associates with tubular interconnection during nephrogenesis [J]. J Am Soc Nephrol, 2012, 23 (10): 1682-1690.

[124] Vande Velde G, Raman Rangarajan J. Quantitative evaluation of MRI-based tracking of ferritin-labeled endogenous neural stem cell progeny in rodent brain [J]. Neuroimage, 2012, 62 (1): 367-380.

[125] Egami Y, Fukuda M, Araki N. Rab35 regulates phagosome formation through recruitment of ACAP2 in macrophages during Fc γ R-mediated phagocytosis [J]. J Cell Sci, 201, 124 (Pt 21): 3557-3567.

[126] Wong CC, Loewke KE, Bossert NL. Non-invasive imaging of human embryos before embryonic genome activation predicts development to the blastocyst stage [J]. Nat Biotechnol, 2010, 28 (10): 1115-1121.

[127] Jain P, Worthylake RA, Alahari SK. Quantitative analysis of random migration of cells using time-lapse video microscopy [J]. J Vis Exp, 2012, (63): e3585.

[128] Kunida K, Matsuda M, Aoki K. FRET imaging and statistical signal processing reveal positive and negative feedback loops regulating the morphology of randomly migrating HT-1080 cells [J]. J Cell Sci, 2012, 125 (Pt 10): 2381-2392.

[129] Ivashkevich AN, Martin OA, Smith AJ. γH2AX foci as a measure of DNA damage: a computational approach to automatic analysis [J]. Mutat Res, 2011, 711 (1-2): 49-60.

[130] Surcouf C, Delaune D, Samson T. Automated cell recognition in hematology: CellaVision DM96 TM system [J]. Ann Biol Clin (Paris), 2009, 67 (4): 419-424.

撰稿专家:(以姓氏笔画为序)

王德文　李　杨　张桂珍　孟如松　唐　勇　徐新萍　彭瑞云

执　　笔:彭瑞云　李　杨

材料体视学发展现状与趋势

一、引言

体视学（Stereology）是建立从高维（三维）组织的截面（二维）所获得的低维测量量与定量表征该组织本身的三维空间组织参数之间关系的数学方法并加以应用的一门交叉性科学[1]。材料体视学的重要作用在于，提供用于无偏或近似地描述材料组织形态形貌特征的实验分析测量手段及数据，其强大功能在于复原二维图像分析结果中隐含的三维定量信息。体视学分析可以获得二维图像所对应的三维组织结构的系统的三维空间定量描述信息，从而使二维图像分析的原始数据得到更充分的利用[2]。

由于材料的微观组织结构对宏观性能（包括力学性能和功能特性）的关键作用，对材料组织结构的定量表征是材料科学与工程的重要研究领域。体视学应用于材料科学与工程领域的重大意义即在于是定量描述材料组织结构的必不可少的手段，从而在材料的设计、制备、性能和应用的研究中占据重要的地位。

就各种生物材料和工程材料微观组织的共性而言，可以认为都是由大量不同形状和尺寸的单胞、相、晶粒、颗粒和气孔等构成的。对于常见的块体材料来说，这些组元通过各种不同类型的界面结合在一个连续的三维基体上，在成分一定的条件下，决定块体材料性能的实质是三维组织参数。我们知道，绝大多数固态材料是不透明的，因此，表征二维截面组织参量与对应的三维组织参量之间的关系是材料体视学的核心内容和应用价值所在。

关于体视学的内涵（广义体视学和狭义体视学）、材料体视学的范畴界定、发展历史和典型定量关系的分类等，北京科技大学刘国权教授在1996—2012年的6篇综述性文章和在材料科学与工程领域的大会特邀报告中，给出了严谨详实的阐释[3-8]。

体视学学科自形成后在材料学科领域日益得到广泛和深入的应用，尤其是通过材料三维组织的定量化有力推动了材料组织结构的精确表征和设计开发的进程[8]。在材料体视学领域，近年来在组织结构三维重建与直接观测表达研究、组织形态及其演变动力学的数值计算、体视学与组织演变三维仿真的无缝耦合、材料显微组织与晶粒的取向成像技术（orientation mapping或orientation imaging，包括电子背散射衍射即electron back scatter diffraction，简称 EBSD 等）、晶界特征及其分布（grain boundary character distribution，GBCD）三维定量化等方面，获得了长足的发展，辅助材料科学揭示和解释了微观组织结构演变行为、组织与性能之间的关系等若干规律与现象，并进一步扩展了体视学学科“三维结构研究”的覆盖领域。

二、材料体视学的发展和进展

（一）材料体视学的发展概述

随着体视学学科的发展，其在材料科学与工程领域的应用也越来越广泛。如 R. Dehoff 利用体视学方法测估晶粒组织中两面角的大小[9]，A. Gokhale 等利用体视学方法研究晶界析出相[10]，J. Russ 和 R. Dehoff 撰写的 *Practical Stereology*（《实用体视学》）[11]、ASTM 出版的 *Stereology and Quantitative Metallography*（《体视学与定量金相》）[12] 等著作较详细地介绍了体视学的原理、方法及其在材料科学与工程领域的一些典型应用。国内余永宁和刘国权合著的《体视学——组织定量分析的原理和应用》一书[1]，详细阐述了体视学相关原理及其在材料组织定量分析方面的应用。

体视学在材料科学与工程领域中无以取代的重要作用促进了材料体视学与图像分析等系列国家标准的相继编制和应用。如，《用自动图像分析法测定金属夹杂物和第二相成分含量的规程》被美国标准 ASTM E1245—2003（2008）[13] 采用。国内由湖北新冶钢有限公司赵咏秋、北京科技大学刘国权和冶金工业信息标准研究院栾燕负责编制了《应用自动图像分析测定钢和其他金属中金相组织、夹杂物含量和级别的标准试验方法》，充分采用了发展的图像分析技术与体视学测定方法。该标准主要分为三个部分：第一部分，钢和其他金属中夹杂物或第二相组织含量的图像分析与体视学测定（GB/T 18876.1—2002），于 2002 年 11 月 29 日由国家质量监督检验检疫总局发布，2003 年 6 月 1 日正式实施；第二部分，钢中夹杂物级别的图像分析与体视学测定（GB/T 18876.2—2006），于 2006 年 11 月 1 日由国家质量监督检验检疫总局和国家标准化管理委员会发布，2007 年 2 月 1 日正式实施；第三部分，钢中碳化物级别的图像分析与体视学测定（GB/T 18876.3—2008），于 2008 年 5 月 1 日由国家质量监督检验检疫总局和国家标准化管理委员会发布，2008 年 11 月 1 日正式实施。

体视学与图像分析系列国家标准分别规定了钢和其他金属中夹杂物、碳化物或其他第二相组织的含量和级别的图像分析与体视学测定方法，主要内容包括术语和定义、干扰、装置、取样、试样及制备、校正与标准化、步骤（设置显微镜、设置灰度门槛值、图像处理、载物台移动、计算机设置与操作、体视学参数的测量）、结果的计算、试验报告、精度偏差等。同时，引入体视学原理，科学规定通过二维截面图像的几何参数测定获得三维图形的统计学数据的方法，减小三维统计学数据误差。系列标准方法是通过计算机自动图像分析技术结合体视学方法来实现钢铁和其他金属内部质量的检测。系列标准的制定使我国自动图像分析技术在金属材料领域的应用首次拥有与国际接轨的实验操作标准，与国际唯一的先进标准 ASTM E 1245 处于同等水平，填补了国内空白，其中碳化物的自动定量测定属于国际首创，结束了该领域检测方法无操作标准可依的混乱状况，提高了测评方法的科学性，保证了测评结果的准确度、重复性和可比性，推动了我国钢铁内部质量评定方法由人工估计向自动定量发展，带来划时代进步。系列标准方法适应我国钢及其他金属产品国际国内贸易活动的需要，检测数据国际认同度高，提升了我国对外贸易形象，也提高了我国金属产品的国际竞争力。

应用发展的材料体视学方法建立的系列国家标准获得了多个国家级和省级科技进步奖，其中《金属中夹杂物含量的图像分析与体视学测定国家标准》2005 年获得湖北省科技进步奖二等奖，《钢中夹杂物级别的图像分析与体视学测定国家标准》2008 年获得湖北科技进步奖三等奖，《钢中碳化物级别的图像分析与体视学测定国家标准》2011 年获得湖北科技进步奖三等奖，《金属中金相组织含量和级别的图像分析与体视学测定系列国家标准》2012 年获得冶金科学技术奖二等奖。

材料体视学方法与材料组织的其他定量分析方法及图像分析技术等综合利用和交叉发展的趋势明显。如，武汉科技大学的研究人员利用材料体视学的连续截面法、计算机辅助三维重建和可视化技术等方法并结合电子背散射衍射等技术，围绕低合金高强度钢主要微观组织的三维形态及长大行为进行了系统的研究。体视学在该研究中的重要作用体现在：定量测量了三维晶粒尺寸，并对在晶界面、晶界棱和晶界角处形成的晶界铁素体三维形态进行了分析和表征；根据对晶界魏氏铁素体实测得到的三维信息提出了材料组成相新的形态分类方法；利用连续截面法与扫描电镜相结合的方法，精确测量得到珠光体片层间距，建立了等温转变珠光体片层间距的分布曲线。关于钢铁材料微观组织结构三维形态及其演变行为的研究成果，对于发展和丰富金属学原理与工艺具有重要的推动作用。上述研究成果在武钢、宝钢、湘钢、涟钢、济钢、南钢等特大型钢铁企业得到了成功应用，开发了国家急需的 10 万立方米原油储备球罐用钢、南京大胜关高铁大跨度铁路桥梁用钢、南海深水采油平台用钢等，创造了显著的经济与社会效益。研究成果应用于大线能量焊接用钢的开发和应用，与武钢、北京钢铁研究总院共同获得了 2009 年国家技术发明奖二等奖。基于本研究的《低合金高强度钢微观组织的三维形态及长大行为》获得了 2012 年中国体视学学会首届科学技术奖二等奖。

（二）材料体视学及与相关学科的交叉进展

要定量获取材料真实的三维组织表征参量，体视学方法、计算机模拟和图像分析技术的有机结合与交叉应用是科学有效的必然途径。在材料科学与工程领域，体视学、计算材料学（Computational Materials Science，CMS，这里指以材料微观组织结构及其演变的定量分析为主的学科分支）与图像分析之间的关系伴随着三个领域近年来的迅速发展而愈加密切，其相互促进作用也越来越明显了[14]。

近年来计算材料学领域取得了令人瞩目的进展，在不同空间和时间尺度进行的材料模型化、数值计算和可视化仿真在很多场合已成为与实验研究和理论分析占据同等重要地位的研究分支，有时甚至起着无法比拟的关键作用。利用数值分析和计算机仿真的手段来研究材料微观组织结构，在对体视学有关理论和方法的验证、改进和丰富等方面发挥了重要作用。利用三维可视化仿真技术，可以虚拟产生迄今为止较其他手段最为接近实际材料组织结构的模型。结合计算机模拟技术和图像分析技术，可以根据需要容易地剖取三维仿真组织不同空间取向的截面、进行三维直接测量（如晶粒尺寸及其分布，拓扑参数及其分布，第二相数密度、尺寸及空间分布状态等），这不仅可以直接提供真实的材料组织三维表征参量，而且可以更准确地找到来源于三维组织参量的相应二维截面表征参量，由此为获得体视学关系及验证有关体视学方法创造了科学和便利的条件。尤其是近年来发展起来的应用材料实测参数的数值分析 / 计算机模拟耦合模型，不经材料实际制备即可能看到所设计的显微组织形态及其在现实服役条件下的组织演变过程，这是对传统体视学无法实现的低维和高维空间组织演变规律动态对应关系的重要补充。

随着图像分析技术从光学显微镜到扫描电子显微镜和透射电子显微镜的迅速发展，尤其是随着 EBSD 技术的商用化及推广，材料组织信息的内涵从人眼直接观察到的组织形貌拓展到包含形状、尺寸、含量、分布、取向、取向差、取向关系、晶体缺陷密度等广义的组织信息[15]。由于 EBSD 技术获取的晶粒取向、晶粒间取向差、相邻相之间的取向关系等晶体学信息实际是通过衍射得到的三维组织结构信息，与之相关的图形或图像表达则在体视学和图像分析领域增加了新的理论内容和图像表达方式。目前，利用 EBSD 技术测定晶体学数据已达到每秒 800 多个取向的标定速度，这种集组织形貌信息和晶体学数据为一体的图像分析技术对现代材料体视学的发展起到了重要的推动作用。

EBSD 技术的日趋成熟和普及有力促进了晶界工程（GBE）的研究和应用。晶界工程是材料体视学应用的代表性领域之一，是利用体视学的原理和方法，测定和表征晶界特征分布的三维参量[16]。体视学应用于晶界工程的一个台阶式的发展是关于晶界面特征分布的五参数分析法的发明[17]。其主要思想是：通过 EBSD 测得任意截面内各晶粒的取向数据，重构出测试区域的二维取向成像显微图。对于任意一条晶界，其两侧晶粒之间的取向差给出精确表征该晶界空间位置的五个参数中的三个，晶界迹线在两侧晶粒中的晶体学取向给出第四个参数，而第五个参数一定处在晶界迹线所对应的晶带大圆上。这一思想把以往用取向差表征晶界特征的研究提升到了晶界织构研究这样更深入的层面，可以认为是近年来体视学原理与 EBSD 技术紧密结合并成功应用于晶界工程研究的一个重要突破。

下文以体视学在计算材料学、电子背散射衍射技术和晶界工程等典型领域的应用与发展为例，结合国内外比较，介绍近年来材料体视学的新进展。

1. 体视学与计算材料学的关系及交叉进展

计算材料学涵盖了不同空间和时间尺度的材料模型化、数值计算和可视化仿真，例如电子层次的计算（基于第一性原理的计算）、原子尺度模拟（如分子动力学和 Monte Carlo

方法）、显微组织层次的模拟（如 Potts 模型 Monte Carlo 方法、相场法、元胞自动机等）、宏观尺度模拟（如有限元法和连续介质方程）等。已有工作[18-22]表明，利用数值分析和可视化、定量化计算机仿真的手段来研究材料组织结构，不仅显著促进了材料科学领域的发展，而且在对体视学有关理论、模型及方法进行验证、改进和丰富等方面均发挥了重要作用。

实际材料的组织结构是多种多样的，或多或少地存在偏离体视学原理或方法适用条件的情况。一方面，体视学是基于统计意义上的模型，表达的是一种平均的概念，而材料中的显微结构大多数并不是均匀分布的，如何由低维的组织结构参量的非均匀性来衡量高维空间相应的非均匀性是目前体视学面临的很大难题；另一方面，材料的显微组织是随着外部条件（如温度、压力、时间等）发生演变的，而体视学分析是静态的，并不能给出一维或二维空间与三维空间组织演变规律的动态对应关系，如二维截面上研究获得的晶粒长大动力学（包括晶粒尺寸分布曲线、晶粒长大指数及晶粒拓扑参量的演变等）与三维空间的不同特征[14]。

与以上体视学的局限性相比，可视化、定量化的计算机仿真研究则具有明显的优越性。利用三维可视化仿真技术，可以虚拟产生较其他手段最为接近实际材料组织结构的模型。充分利用计算机科学与技术发展取得的成果，特别是现代先进的计算机图像处理技术，可以根据需要容易地剖取三维仿真组织不同空间取向的截面、进行三维直接测量（包括晶粒尺寸及其分布，拓扑参数及其分布，第二相数密度、尺寸及空间分布状态等）[23]，不仅可以直接提供真实的材料组织三维表征参量，而且可以更准确地找到来源于三维组织参量的相应二维截面表征参量，由此为验证体视学表征参量之间的关系及有关操作程序、方法的可靠性创造了极为科学和便利的条件。例如，应用材料及其处理工艺实际参数的可视化、定量化仿真技术[24]，不经材料实际制备即可能看到所设计的显微组织形态及其在现实服役条件下的组织演变过程，这可以补充体视学无法实现的低维和高维空间显微组织演变规律的动态对应关系。

作为体视学与计算材料学相结合的典型研究内容，近年来将体视学原理和方法应用于计算材料学和将计算材料学有关模型及仿真研究结果用于验证体视学有关量化关系，相关领域国内外取得的研究进展归纳如下。

（1）系列截面法层间距的选取策略研究

系列截面分析方法是显微组织三维定量表征和三维重建的重要方法。为兼顾结果的准确性和高效率，系列截面法中层间距的选取非常重要。最近，应用计算材料学中 Potts 模型 Monte Carlo 仿真研究表明[25]，选取不同仿真尺度的晶粒组织为研究对象，系列截面层间距对三维个体晶粒的体积和表面积测量结果产生影响，系列截面层间距的数值 $h<0.111Z$ 和 $h<0.1357Z$（Z 为晶粒平均截线长度）时，分别可保证晶粒的体积和表面积测量的相对误差小于 5%和 10%。

（2）三维晶粒平均体积、界面数、体积分布和界面数分布的取样策略研究

三维晶粒组织的定量表征，长期以来存在的难题是如何确定取样的个数。取样个数较多时，数据统计准确，但效率低；取样个数较少时，效率高但数据统计的可靠性差。为了兼顾效率与测量的精确性，必须对取样策略进行研究。晶粒组织的计算机仿真研究表明[26]，当测估三维组织晶粒的平均体积、平均界面数及其分布变异系数时，抽取200个以上晶粒统计分析可使结果的相对误差在5%以下；当测估分布偏态系数和峰态系数时，为保证其相对误差低于5%，则需要抽取800个以上晶粒。然而，当三维晶粒组织中存在极少数特大晶粒（将“特大晶粒”定义为其体积高达晶粒平均体积的8倍以上、界面数高达平均界面数的3倍以上的晶粒）时，分布偏态系数和峰态系数将会产生较大的波动。

（3）体视学结合热力学计算确定合金中相分数的研究

在许多研究中，需要获得热力学平衡条件下的高温相或其对应室温相的质量分数数据。例如，某种超临界水冷堆燃料包壳管用低活性铁素体/马氏体钢需要严格控制其马氏体的质量分数。当进行化学成分设计时，涉及多种可能的备选方案，难以将所有成分方案冶炼成钢并热处理后进行体视学分析。最近，国内研究者采用Thermo-Calc热力学计算软件及TCFE3数据库计算设计并冶炼少量实验钢结合体视学实验测定验证的方法[27, 28]，首先确认计算结果的有效性（冷却时高温奥氏体将100%转变为马氏体），然后利用热力学计算的方法预报单独变动Cr含量或同时变动实验钢中两种或多种合金元素含量的情况下马氏体含量随温度的变化规律，获得了材料成分设计的重要依据，大大节省了资源与实验成本。类似的工作还有采用Thermo-Calc软件与最新的Ni-8数据库对研制的新型第三代镍基粉末高温合金组成相的模拟计算[29]。

（4）三维显微组织的可视化、定量化的计算机仿真研究

Raabe等应用元胞自动机法仿真均匀形核的静态再结晶过程[18]，其三维显微组织及不同阶段再结晶体积分数的确定均可用于体视学对理想材料二维和三维组织及表征参量对应关系的验证确定；其对织构[30]、二维和三维位错组态及密度[31]的可视化仿真则可用于体视学领域对低维和高维空间复杂（各向异性）组织和组织分布不均匀性对应关系的测算分析。

引入材料和处理工艺实际参数的可视化、定量化仿真技术正在材料学和体视学领域发挥越来越重要的作用。应用计算材料学中介观尺度的Monte Carlo仿真方法可对一定几何形状的工件在轧制—退火中显微组织的演变过程进行全程仿真[32]。尤其是，利用可视化定量化计算机仿真技术，可以实现对沿着形变梯度方向上任意位置处截面组织的观察和测定，这对于表征具有三维不均匀性的显微组织来说，有着特殊的重要意义，即，可代替传统体视学的系列截面分析方法，并能满足统计数量和数据精确性的要求。

利用体视学中的系列截面法，可以得到静态三维晶粒的拓扑学，而在显微组织演变（例如晶粒长大）过程中的晶粒的拓扑学及其对组织演变的影响，难以实时表征。计算材料学方法则可以通过模拟显微组织的演变，得到任意时刻的三维晶粒的拓扑学及晶粒长大的动力学规律。例如，北京科技大学的研究人员利用介观尺度的Monte Carlo仿真方法模拟的三维正常晶粒长大过程，对晶粒拓扑学及晶粒长大动力学进行了深入研究，发现晶

粒面数少于8的小晶粒与面数大的晶粒的长大规律有显著差异[33]，主要原因在于中心晶粒与其周围邻接晶粒之间存在非均匀拓扑关系[34-36]。基于对晶粒间拓扑相关性的研究结果，研究人员提出了一种新的拓扑依赖型晶粒长大速率方程[34]，受到了国际同行的高度认可，认为该研究成果“比 *Nature* 杂志2007年发表的von Neumann方程更实用”、“对拓扑晶粒长大研究做出了重大贡献”；“将对未来研究与表征晶粒组织演变的方法产生重要影响”；“会被经常用于解释/验证实验的或仿真的晶粒长大速率”；等等。此外，研究人员利用体视学关于晶粒曲率与其平均切直径的关系，推导出了描述三维凸形晶粒长大速率的von Neumann方程[37]，相对于von Neumann方程的原始推导过程，该推导方法非常简洁、实用。

（5）计算材料学结合体视金相学的研究

计算材料学结合体视金相学的典型应用是关于材料热处理工艺的优化和组织性能的预报。如，钢中奥氏体动态再结晶在高温下与材料变形同时进行，传统方法为利用中断热加工淬火的试样进行体视学实验测定动态再结晶完成的体积分数，这不但不能保证研究动态再结晶全程所用样品的同一性，而且再结晶与未再结晶部分的金相组织也很难准确区分，由此常导致测量结果不理想，且实验工作量过大。近年来发展的一种方法是采用由微合金钢热加工应力应变曲线计算动态再结晶动力学曲线（Avrami曲线），经过体视学实验验证[38]，进而研究钢中元素对不同应变速率范围和温度范围内动态再结晶过程的影响，此种计算材料学结合体视学的方法增强了研究结果的准确性和实用性。此外，利用JMatPro软件计算CCT曲线，经体视金相学测量验证后，可以预报不同冷却速度下显微组织的组成和相对含量，并进而预报材料的力学性能。

2. 体视学与EBSD的关系及交叉进展

（1）EBSD技术的出现对体视学及组织概念的拓展

人们逐渐认识到材料的性能不仅取决于肉眼直接观察到的组织形貌信息，还在很大程度上取决于组织中各相及单个晶粒内的晶体学（三维）信息，从而提出了显微组织由若干相及内部缺陷组成，广义组织概念包含相及缺陷的种类、形状、尺寸、数量、分布、取向等信息，并且包含取向信息加上位置信息及衍射菊池带质量信息等派生的取向差、取向关系及晶体缺陷等信息[39, 40]，这大大推进了材料组织与性能定量关系的建立、应用和结果的有效性。一个简单的例子是，由相同的等轴晶构成的组织，一个对应随机分布的晶粒取向，另一个对应择优分布的晶粒取向（存在强织构），显然它们的性能差异与相同的组织形貌是不对应的。实际制备的材料都或多或少存在织构，因此，组织对性能的影响在很大程度上取决于组织内部不同取向晶粒在外力场下发生变化的取向依赖性及取向差或取向关系的分布。此外，多晶体内部微观组织转变或演变多数情况下是不均匀的，但基本遵循一定的规律。例如，在外力作用下，不同取向晶粒内滑移系或孪生系开动的时间顺序和数目都不同，主要取决于晶粒的取向因子；形变后或形变过程中的材料内部无论是发生扩散型相变（如脱溶或多型性转变）还是切变型相变（如马氏体相变）也都是不均匀的，有些晶粒内快速发生相变，另一些晶粒内则很难发生相变[41, 42]，这要求建立材料组织与性能关系时，需要确定组织中的取向、取向差分布等信息。另外，材料在制备和使用过程中组织演变总是向低能量方向进行，控制这些过程的能量来源可以是表面能、界面能、应变能等，前两个因素是典型的受晶体各向异性影响的，因此在结晶、气相沉积、形变、再结晶、相变等过程都会形成具有织构或晶体学择优特征的组织，在界面迁移过程中，不仅是界面的曲率，晶界类型也会起重要的作用。

在由二维组织测试数据按体视学（数学）原理建立或确定三维组织定量数据相对成熟的同时，基于光学镜、扫描电镜、透射电镜等自动图像分析技术也在飞速发展并不断完善。其中，在二维条件下快速获取组织中晶体学及晶体缺陷信息的测试能力自 20 世纪 90 年代初快速发展，这就是 EBSD 技术的商用化及推广[43, 44]。因为 EBSD 技术是从组织二维截面获取晶粒取向、晶粒间的取向差、不同相之间取向关系等系列晶体学信息（实际是通过衍射得到的三维信息），在此技术的帮助下，与之相关的图形或图像表达则在原来体视学或图像分析内容中增添了许多新的理论及图像表征和处理方法。

EBSD 技术是基于扫描电镜中电子束在倾斜样品表面激发形成的衍射菊池带的分析从而确定晶体结构、取向及相关信息的方法。它可用于各种晶体材料（如金属、陶瓷、地质、矿物）的分析，解决在结晶、薄膜制备、半导体器件、形变、再结晶、相变、断裂、腐蚀等过程中的问题。EBSD 技术的主要特色有：同时展现晶体材料微观形貌、结构与取向分布，即所谓的取向成像（orientation mapping）技术（该技术由 B. Adams 于 1993 年提出）[45]，这是建立组织与性能关系的基本要求；高的分辨率（纳米级），特别是与场发射枪扫描电子显微镜配合时，目前 EBSD 的空间分辨率可达 10nm 以内[8]；与透射电子显微镜相比，样品制备简单，可直接分析大块样品；可与能谱、原位（加温、加力）测试装置、微加工技术等很好的结合，极大地推动了组织表征能力的深入。

虽然电子背散射衍射花样早在 20 世纪 30 年代就观察到，50 年代在扫描电镜下获取，但 EBSD 技术在 80 年代末、90 年代初才真正商业化[43, 44]并推广，英国 Bristol 大学的 D. Dingley 教授在推动该技术的商业化中做出重要贡献，并获得 2007 年英国皇家显微分析学会的奖励[46]。在计算机技术的帮助下，现在利用 EBSD 技术测定晶体学数据的速度已达到每秒 800 多个取向（或晶粒）的标定速度[47]，几乎是扫描电镜下照相获得图像的速度。在这种快速获取组织中的晶体学信息能力提高的背景下，人们对各种固态晶体材料的研究可深入开展，从而获得显微结构中晶体学信息对组织演变的影响及与材料性能之间的关系。

EBSD 技术与体视学之间的密切联系不是简单的二维与三维晶粒形貌之间的关系。基于 EBSD 技术涵盖组织形貌信息并在此基础上展示晶体学（三维）信息的图像分析技术快速发展，突破了组织仅包含人眼直接观察到的形貌信息的狭义定义，是对体视学及传统的图像分析技术的重要拓展，开创了一个全新的领域。新的体视学范畴是广义的，不论哪种方法，不论是只给出个别的三维组织描述参量，还是重构出三维组织形貌图像，都属于体视学范畴。EBSD 技术本质上更接近图像分析手段，但它提供了二维截面上对应组织形貌的同时，还给出这些组织内部三维晶体结构及取向的信息，即所有晶粒对应晶体结构（晶胞）的三维图像，乃至晶界的三维取向。此外，还可给出晶粒对应的倒易点阵空间方位。现在EBSD与聚焦离子束（FIB）技术或层磨技术相结合就可以获得三维的形貌信息、取向及取向差信息，如果再与能谱测定（EDX）相结合，就可获得不同元素的三维分布信息。

（2）国内外EBSD应用现状及体视学的作用

EBSD装置要与扫描电镜配合使用，即EBSD装置安装在扫描电镜样品室的侧面。现在我国已有320多套EBSD系统，主要产于英国的牛津仪器公司（原OPAL和HKL公司的CHANNEL系列）和美国的EDAX公司（曾为TSL公司），此外还有美国热电公司和BRUKER公司的EBSD系统。主要分布在各高校、研究院及钢铁行业。EBSD技术正逐渐由高校及研究院的基础理论研究手段过渡到企业工艺开发、产品质量检测的重要手段。目前在我国的一些企业中，不仅是检测人员操作EBSD系统，材料工艺开发人员也熟悉并可操作使用EBSD设备进行相关分析。企业的金相检测人员，也可通过机械抛光的传统制样方法制备高质量的EBSD分析用样品。

EBSD技术早在1995年就在国内开始使用，我国在1995年在宝钢开始使用，高校在清华大学开始使用，并不断推广。使用SCOPUS检索系统以关键词“EBSD”、“China”检索近5年我国发表的EBSD相关文章数分别为：246篇（2012）、186篇（2011）、139篇（2010）、90篇（2009）、88篇（2008）。从1998年发表的第1篇，到2013年5月共1046篇。这些文章中多数还是在金属形变、再结晶、马氏体相变及织构控制上应用的例子。北京工业大学在形状记忆合金[48]、微电子领域[49]；北京科技大学在镁合金、铝合金、高锰TRIP/TWIP钢[42]、电工钢[50]等；清华大学在铝合金、钢铁[51]、镍合金[52]等；重庆大学在镁合金[53]、钢连线中；山东理工大学在晶界工程研究领域[54, 55]；东北大学在钢铁材料[56]领域等都有较多的应用。在钢铁材料中，EBSD及相关的体视学分析在多相合金变形过程的研究中发挥了突出的优势，例如，对具有优异的强塑性积（达50000MPa%以上）的新型高锰TRIP/TWIP钢的变形中，不同取向的奥氏体晶粒会以不同的速率发生机械孪生，形成六方结构和BCC结构的马氏体，这样，不同结构、具有固定取向关系的相，相对含量、晶粒取向、不同相间的取向关系及同一晶粒内的取向差都会发生变化，同一奥氏体晶粒内形成的马氏体变体数目也有变化[42]，有些还会发生逆相变。借助EBSD取向成像技术，结合体视学理论和方法，对包含晶粒、相、变形组织等的微观结构进行精确定量分析，可使人们获得对材料显微组织结构及其演变行为的全面认识。结合体视学分析的EBSD技术应用的广泛性还表现在其对地质学研究的作用[57]和对考古学[58]的作用。值得注意的是，我国材料研究人员在*Science*及*Nature*期刊上发表的文章中也使用了EBSD技术[59, 60]，作为常规的分析表征方法。

在EBSD标准方面，我国早在2004年就由宝钢完成第一个EBSD国标[61]，随后我国主持起草了国际上第一个EBSD标准[62]，在推广EBSD技术中起了重要作用。之后，我国EBSD专家参与了第二个EBSD相关的晶粒尺寸测定标准[63]。比较国内外EBSD发展和应用的现状，在实验测试应用水平上，国内外差异较小，但国内在制样水平、应用范围和晶体学理论深度等方面与国外都有一定差距。此外，在将EBSD与原位技术和FIB技术等的有效结合、EBSD 花样内晶体学信息分析（如应变、与位错类型的关系等）、3D-OIM 图像重构等方面也有较大差异。国内在 EBSD 应用中的主要问题是对相关晶体学基本知识及材料学基础理论的缺乏，而难以将测试数据与实际问题联系起来。例如，EBSD 数据的极图表达难以理解深入；确定存在某种织构后，难以确定其形成的原因和控制该织构增强或减弱的方法。

3. 体视学与晶界工程研究的关系及交叉进展

晶界（这里也包含两相或多相材料中属于不同相的晶粒之间的界面）是固体材料的重要结构单元，对材料的物理、化学、力学性能和功能特性都具有十分重要的影响。依据晶界的五个宏观自由度特征，可以把晶界分为奇异晶界、近奇异晶界和一般晶界[64]，其结构有序度依次降低，能量依次升高。由于奇异晶界的能量远低于一般晶界，属于热力学有利晶界，一般被定义为“特殊晶界”（special boundary，SB）。“晶界工程”（grain boundary engineering，GBE）研究的主要问题就是如何通过改变化学成分和制备及加工方法在材料内部获得高比例的特殊晶界，利用在晶界的三维网络结构中通过 SB 有效阻断一般晶界的连通性，从而显著改善材料整体的与晶界相关的各种使用性能，如提高晶界腐蚀抗力和高温蠕变抗力、改善晶界偏聚行为以避免晶界脆性开裂、提高晶界电导率，等等。显然，GBE 研究离不开晶界特征分布（grain boundary character distribution，GBCD）的三维表征。常规的 EBSD 分析只能给出二维截面的基于取向差特征的三个自由度晶界特征分布信息，对于真实块体材料中实际三维晶界特征的描述，需要利用材料体视学的有关概念、测量方法和量化关系。

体视学的主要特征是利用低维数据参量来表征高维结构特征，具备由一维到二维、二维到三维的数学转化功能[1]。因此，体视学在 GBE 研究中发挥重要的作用，可以认为，GBE 研究进展离不开体视学的应用。如何科学、合理并巧妙地利用体视学基本原理和方法把 GBE 研究中可利用 EBSD 测量得到的低维数据参量转化为高维表征参量是 GBE 和体视学共同的研究课题，对在材料科学与工程领域中提升 GBE 研究水平具有决定性意义。下文将对基于体视学原理和方法的 GBE 国内外研究进展进行综述，并对其发展趋势进行展望。

（1）基于体视学原理的晶界特征分布表征

基于体视学原理表征晶界特征分布（GBCD）构成 GBE 核心研究内容。GBE 概念起源于日本学者 Watanabe 于 1984 年提出的“晶界设计与控制”（grain boundary design and control，GBDC）思想[65]。认为在重位点阵（coincidence site lattice，CSL）[66]晶界范畴内，那些 Σ 值小于 29 的晶界，其结构有序度高，属稳定的低能晶界，即 SB，面心立方材料中的共格孪晶界、即共格 Σ 3 晶界就是典型的 SB。通过筛选恰当化学成分，并采用特定的加工方法，可以控制材料的 GBCD，使材料中 SB 的比例得到大幅提高，从而显著改善材料总体的与晶界相关的各种性能，例如显著提高晶界腐蚀抗力和高温蠕变强度等。

显然，晶界设计与控制研究中 GBCD 的表征、也就是 SB 比例及其分布的测定是一个三维空间的量化表征问题，需要测定由所有晶界面构成的三维晶界网络结构中 SB 的空间分布以及所有 SB 的面积之和占晶界总面积的比例。直接的实验测试技术尚无法实现这种三维测量，体视学原理和方法的应用是目前解决这一问题的唯一途径。根据体视学方法，对于任意多晶体材料，可以用二维情形下的面积分数表征三维空间的体积分数；用二维情形下的长度分数表征三维空间的面积分数。为此，只需利用 EBSD 技术进行二维测量，在获得块体材料任意截面的取向成像显微图（orientation imaging microscopy，OIM）[45] 后，便可以获得任意一个晶界的特征，可以确定任意一个晶界暴露于测试面上的迹线的长度、即晶界长度，可以统计出任意一类晶界（如 SB）长度之和占晶界总长度的比例，并依此来表征三维晶界网络结构中任意一类晶界的面积占晶界总面积的百分数。这便是晶界设计与控制研究中体视学表征的基本原理。也可以理解为，晶界设计与控制本质上是一种应用体视学表征 GBCD 的研究方向。

近年来，EBSD 技术的成熟和普及极大地促进了晶界设计与控制的研究。以加拿大多伦多大学的 Palumbo 教授[67, 68]、英国天鹅海大学的 Randle 教授[69-71]、美国加利福尼亚大学的 Kumar 教授[72] 和卡耐基梅隆大学的 Rohrer 教授[73]、捷克科学院的 Lejeck 教授[74] 和日本东北大学的 Kokawa 教授[75] 等为代表的国际研究团队以及我国山东理工大学[16, 76] 和上海大学[77, 78] 等为代表的研究团队，围绕晶界设计与控制问题开展了大量研究工作。不仅突破了原来 CSL 模型框架对 SB 的限定，使 SB 的概念延伸到更一般的奇异晶界情形，而且把基于体视学表征 GBCD 的晶界设计与控制研究拓展到应用体视学原理和方法表征 GBCD 的晶界工程研究和 GBCD 优化研究，由此进一步明确了 GBE 概念的主要含义是“针对特定结构和特定体系的多晶材料（主要指金属材料），通过合理控制化学成分，并采用特定的方法对材料进行加工处理，优化其 GBCD，使得材料中的 SB 得到最优发展，即 SB 在材料中均匀分布，其总面积占总晶界面积的比例很高（一般不低于 70%），并且 SB 能够有效阻断一般大角度晶界网络的连通性，使材料总体的与晶界相关的各种性能得到显著改善”。

（2）基于体视学表征晶界特征分布的晶界工程研究

在国外，GBE 研究始于 20 世纪 90 年代中后期（也就是 EBSD 技术趋于成熟并投入商业运作的时期）。加拿大、英国、美国和日本等国家的相关研究组主要针对诸如铅钙基合金、奥氏体不锈钢、镍基合金和黄铜这类中低层错能面心立方（face-centered cubic，FCC）金属的 GBE 问题展开研究。此类金属 GBCD 的优化主要依靠 Σ 3 这种退火孪晶界的大量形成来实现。在其优化了的 GBCD 中，95% 以上的 SB 是 Σ 3 及其“家族”晶界 Σ 9 和 Σ 27。因此，此类 GBE 研究亦称基于退火孪晶的 GBE 研究[69]。在过去 20 年间，国外在基于退火孪晶的 GBE 研究方面取得了重要进展，不仅掌握了合金成分和加工方法影响 GBCD 的一般规律，可以把 SB 比例提高到 80% 以上，而且其 GBE 技术已成功用于储能、石油化工和核电领域。国外在基于退火孪晶的 GBE 研究中的主要不足是，缺乏足够的有关 GBCD 优化微观机理的探讨。虽然 Randle 提出了 Σ 3 再激发模型[69]、Kumar 提出了高 Σ 值 CSL 晶界分解模型[72] 以及 Kokawa 提出了孪晶对引入 SB 片段模型[75]，但这些模型只能解释 GBCD 优化过程中的个别实验现象，因而没有得到普遍认可。

在国内，早在2000—2004年，东北大学[79]和上海宝钢集团[80]曾有过GBE方面的研究报告。但是，国内真正意义上的GBE研究始于2005年，并在近3 ~ 5年内得到持续快速的发展。这期间，在基于退火孪晶的GBE研究框架内，山东理工大学、上海大学、上海宝钢集团、南京理工大学、中国科学院金属腐蚀与防护研究所和中国核动力研究设计院的GBE课题组针对铅蓄电池阳极板用Pb-Ca-Sn-Al合金、石油化工用奥氏体不锈钢、热电站蒸馏塔冷凝管用铜合金以及核电站蒸汽发生器热交换管用因可镍690合金的GBCD优化问题做了大量卓有成效的工作。不仅系统地掌握了化学成分和加工方法对不同体系合金GBCD产生影响的基本规律，可以能动地控制上述各类合金的GBCD，使得合金中的SB呈均匀分布且其比例超过70%（有的甚至超过80%），而且在有关GBCD向优化状态演化的微观机理问题方面也做了深入探讨。不仅提出了非共格Σ 3晶界迁移反应模型[76, 81]，解释了GBCD优化过程中出现的几乎所有实验现象，而且更进一步阐明了非共格Σ 3晶界主要是通过G取向与R取向以及B取向与C取向（包括它们的几何变体）这些互成Σ 3^n（n=1，2，3）取向关系的晶粒或晶核的取向生长（oriented growth，OG）形成的[82, 83]，OG也是形成Σ 3^n（n=1，2，3）晶粒团簇（Σ 3^n grain clusters，Σ 3^n GC，指由很多互成Σ 3^n取向差关系的小晶粒构成的尺寸超过500微米的晶粒团簇）的主要物理机制。与此同时，还通过分子动力学模拟研究发现了非共格Σ 3晶界向共格孪晶界转化的微观机制，即TLMOL机制[84]（通过界面上两个肖克莱不全位错的运动引起界面一侧晶体每三层原子面合并为一层原子面，three layers merge into one layer，TLMOL）和OLDTL机制[85]（通过界面上两个肖克莱不全位错的运动引起界面一侧晶体每一层原子面分解为三层原子面，one layer decomposes into three layers，OLDTL）。这些基础研究成果不仅为基于退火孪晶的金属材料GBCD优化研究找到了着力点，也为今后的GBE深层次研究提供了新的科学依据。由此可见，国内GBE研究虽起步较晚，但进展很快，至少在基于退火孪晶的金属材料GBCD优化微观机制研究方面已经处在国际领先水平。国内在基于退火孪晶的GBE研究方面的主要不足是，尽管在奥氏体不锈钢和镍基高温合金GBE研究等方面已申请了几项国家发明专利[86, 87]，但GBE技术在实际工程中的应用明显滞后。这可能与我国较为传统的工程设计理念有关。

近年来，捷克科学院的Lejeck教授[74]独辟蹊径，为GBE研究开辟了新的研究方向。他采用EBSD与俄歇谱仪（auger spectrum，AS）以及热力学计算相结合的方法研究了铁素体钢中不同类型晶界的元素偏聚行为并测算了它们的偏聚焓。他在2003年[74]和2007年[88]先后两次报道了其研究结果，明确指出：对于体心立方（body-centered cubic，BCC）结构的金属材料，那些处于<100>晶带内的低指数{012}，{013}和{015}对称倾侧晶界以及（001）/（013）和（011）/（0kl）非对称倾侧晶界都属于奇异晶界，即SB。国内相关研究也印证了这一观点。这就突破了传统的GBE研究对SB的限定，即SB不仅仅是那些具有低Σ值的CSL晶界，其他一般大角度晶界中也有一些属于低能稳定的特殊晶界SB。这一研究成果打破了传统的GBE研究仅限于退火孪晶框架的局面，为BCC结构和HCP结构的金属材料甚至高层错能FCC结构的铝及其合金等的GBE研究指明了方向。

以往的基于取向差的GBCD表征已不能满足GBE研究的需要。例如，有研究表明：只有部分Σ 9晶界具有耐腐蚀特性[89, 90]，某些一般大角度晶界也表现出优异的晶界腐蚀抗力等[91]。产生这种异常现象的根源在于晶界的性能主要决定于晶界所处的晶面。基于取向差的GBCD表征只能给出表征晶界结构特征所需五个参数中的三个，只给出晶界两侧两个晶粒之间的取向差，不能确定晶界本身所处的具体晶面{h1k1l1}/{h2k2l2}，这是问题的关键所在。以往的用取向差表征GBCD的基于退火孪晶的GBE研究之所以能够取得比较可靠的研究结果，是因为其GBCD中共格孪晶界（也就是共格Σ 3晶界）占了SB的50%以上，而且在剩余的Σ 3（非共格Σ 3）以及Σ 9和Σ 27等晶界中也的确有相当一部分具有低能稳定的特殊性能。显然，如果考虑上文提到的Lejeck的思想，把思路拓展到BCC、FCC和HCP三种结构、包括所有金属材料在内的最一般的GBE研究范畴时，继续使用取向差表征GBCD就会出现很大问题，甚至会产生荒谬的结果。虽然可以通过基于同步辐射的三维X射线衍射（3D-XRD）[92]或聚焦离子束[93]切割技术结合EBSD测得连续截面（serial sectioning）的取向数据，进而获得晶界面特征分布（或晶界面分布，grain boundary plane distribution，GBPD）[94]的信息，但由于测试速度太慢、测试区域太小且测试费用昂贵等局限性，这两种技术在短期内难以推广应用。针对这一局面，美国卡耐基梅隆大学的Rohrer教授[17, 95, 96]于2004年、2011年两次成功推出了其基于EBSD技术和体视学原理的可用于GBPD表征的五参数分析（five parameter analysis，FPA）法。FPA法的主要思想是：通过EBSD测得样品任意一个截面内各晶粒的取向数据，可以重构出测试区域的二维取向成像显微图OIM。在一幅OIM图中，对于任意一条晶界，其两侧晶粒之间的取向差（可由实测的这两个晶粒各自相对于试样外观坐标系的取向数据确定）给出精确表征该晶界所需的五个参数中的三个，晶界迹线在左右晶粒中的晶体学取向给出第四个参数，而第五个参数一定处在晶界迹线所对应的晶带大圆上。依据这一思想，通过对大量晶界迹线的分析和统计就可以给出具有统计平均意义的GBPD结果。这是典型的体视学原理与GBE研究相结合的范例。容易理解，FPA法把以往的用取向差表征GBCD的GBE研究提升到了晶界织构（grain boundary texture，GBT）[97]研究这样一个更高的和更加科学的层面。可以说，FPA法的成功推出，是近年来体视学与EBSD技术相结合并成功应用于GBE研究领域的一个重大突破，具有里程碑的意义。

由于系统的FPA法是于2011年最终成功推出的，国外利用这一方法进行GBE方面的研究报道尚不多见，少量已发表的相关研究论文主要出自Rohrer教授本人的课题组[17]。可以说，利用FPA法进行GBE或GBT研究在国外也只是处于起步阶段。

最近两三年来，在国家自然科学基金的资助下，国内山东理工大学和福建工程学院相关课题组通过前往Rohrer教授课题组进行访问研究的途径，已掌握了FPA相关算法，在国内建立了FPA分析手段，开展了初步的实验研究工作，得到了一些有价值的结果[82]。福建工程学院也因此于2012年获得了国内第一项GBT国家自然科学基金项目。可以预见，GBT研究将作为传统的GBE研究的重大拓展，成为材料领域新的研究热点和技术增长点。

三、材料体视学的发展趋势与展望

材料组织与结构的定量表征一直是材料科学与工程领域的核心问题。利用体视学基本原理和方法对材料组织结构进行定量分析表征，目前已是材料科技工作者具备的基本实验技能。然而，现在尚有相当数量的空间组织参量尚缺乏无偏估计方法，借助于有关数学理论建立它们的无偏估计方法是体视学的责任。另外，在暂时无法建立无偏估计方法的情况下应寻求能满足材料工程领域需求的经验方法。例如，钢中碳化物粒子、Al 基和 Mg 基轻合金弥散强化第二相等的空间尺寸分布、三维形状定量描述等尚不能用无偏估计的方法实现，但结合体视学和现代图像处理技术可考虑先建立根据二维图像数据定量评级的方法，将原来的根据标准图谱人工经验性评级向定量分析推进一步。

随着计算材料学模型和仿真技术的迅速发展，为验证体视学定量关系提供了重要途径，并显著扩展了体视学的分析表征领域。体视学和计算材料学相互促进的关系其未来发展趋势可有如下几个方面：体视学用于广泛验证计算材料学的研究结果，随着计算材料学和体视学的相伴发展，体视学作为验证计算材料学准确性的技术手段其作用将愈加重要；随着计算材料学多尺度多层次发展的趋势，体视学应发展适用于亚微米和纳米尺度的材料显微组织的定量分析技术，如纳米组织的晶粒尺寸及尺寸分布的准确测定方法、纳米尺度多相组织的相对含量和空间分布的定量分析等；利用计算材料学模型和方法可以方便地构造、模拟或重建材料的三维组织，并能够准确给出三维组织的任何特征参量值，由此为体视学基础理论和表征方法的发展提供理想的研究对象，从而促进体视学新技术新方法的产生。

另一方面，随着自动图像分析仪器的普及，利用其可以相当高的速度完成图像的转化、分割、处理和定量分析，可以容易地输出大量的各类数据。如，三维取向分析技术利用扫描电镜中配置的聚焦离子束切割装置与 EBSD 装置，在自动控制程序作用下，可顺序完成系列局部切割、取向成像、再切割、再取向成像过程，测定完成后利用相关软件重构出具有三维形貌信息及相关的晶体学信息的图像。在 EBSD 基础上发展的晶界工程研究，在晶界特征分布表征方面，基于五参数分析法这一最新方法的晶界工程研究，比早期的用取向差表征晶界特征分布前进了一大步，但这种方法也只能给出一个统计平均的结果，并不能确定任意一个晶界的晶面属性。因此，体视学在晶界工程研究领域的应用还有相当大的发展空间。由于多晶材料任意截面上的取向数据包含着十分丰富的晶体学信息，大量提取并恰当利用体视学理论和方法细致分析这些信息，将可能获得更加全面准确的晶界特征分布结果，把晶界工程研究提升到更高的层面，为合理控制多晶材料的界面结构及分布，进而显著改善材料的各种性能提供技术保证。

值得提出的是，目前在材料科学与工程领域，由于体视学知识尚普及不够，错误地设计测量方案和运用所得数据的例子还是相当多的。更为严重的是，测量结果发表后，读者一般很难了解数据的可信程度和测量方法的优劣。鉴于此，随着自动图像分析仪器的普及，操作人员和用户更应重视积累足够的体视学知识，加强体视学方法的熟练掌握和准确运用。同时，关注和高效利用材料科学理论、实验测试技术、材料建模及仿真方法等新的发展和研究成果，将体视学与材料科学与工程领域的多种研究方法紧密结合。如，利用晶体学有关原理构建具有不同结构特征的各种晶界的计算机模拟样品，既可以利用基于第一性原理的分子动力学模拟方法、也可以首先构建原子间相互作用多体势后再采用基于经典力学的分子动力学模拟方法来研究各种晶界的结构稳定性及其转变机制。将材料科学与工程领域的新方法新技术有机结合，将放大体视学的原有功能和效率，一方面可提高材料体视学测定结果的可靠性和可信度，另一方面也有利于促进体视学测定程序的规范化并将其标准化。

材料科学与工程领域现在是、将来也仍将是体视学应用的最主要领域之一。材料体视学进一步的工作既包括已有体视学关系式、方法和技术在材料领域的推广应用，又包括为满足材料领域的需求而寻求更新、更好的体视学方法。这有赖于材料科技工作者和体视学家们的密切合作和共同努力，也有赖于多种不同学科之间更广泛的交流与合作。

参 考 文 献

［1］余永宁，刘国权．体视学——组织定量分析的原理和应用［M］．北京：冶金工业出版社，1989.

［2］刘国权．体视学在材料科学研究中的进展与展望［J］．中国体视学与图像分析，1996，1（1-2）：96-101.

［3］刘国权，宋晓艳，陈雨来，等．一类新的体视学用三维晶粒组织仿真模型［J］．中国体视学与图像分析，1998，3（3）：129-133.

［4］刘国权．体视学：一门关于多维几何结构及图像的边缘和交叉科学［J］．CT 理论与应用研究，2000，9（S1）：6-9.

［5］刘国权．体视学与图像分析基本原理及若干应用问题之讨论［C］．第九届中国视体学与图像分析学术会议论文集，2001.

［6］刘国权，刘胜新，黄启今，等．金相学和材料显微组织定量分析技术［J］．中国体视学与图像分析，2002，7（4）：248-251.

［7］刘国权，康人木，吴晋彬，等．科学获取与生产三维显微组织数据——体视学及其拓展应用［C］．材料科学中的数学应用研讨会论文集．2010.

［8］刘国权，王浩，肖翔，等．经典体视学：基本功能、独特应用与标准化应用［C］．第八届全国材料科学与图像科技学术会议论文集，2012.

［9］Dehoff R T. Estimation of dihedral angles from stereological counting measurements［J］. Metallography，1986，19（2）：209-217.

［10］Gokhale A M，Iswaran C V，Dehoff R T. Stereology of grain-boundary precipitates［J］. Metallography，1981，14（2）：151-162.

［11］Russ J C，Dehoff R T. Practical stereology［M］. 2nd ed. New York：Springer，2000.

［12］Pellissier G E，Purdy S M. Stereology and quantitative metallography［M］. ASTM International，1972.

［13］Standard practice for determining the inclusion or second-phase constituent content of metals by automatic image analysis［M］. ASTM E1245-2003（2008）. 2003-01-10.

［14］宋晓艳．体视学、图像分析与计算材料学之间的关系及进展［J］．中国体视学与图像分析，2008，13（4）：

280-285.

[15] 杨平. 电子背散射衍射技术及其应用 [M]. 北京：冶金工业出版社，2007.

[16] Wang W G，Guo H. Effects of thermo-mechanical iterations on the grain boundary character distributions of Pb-Ca-Sn-Al alloy [J]. Mater. Sci. Eng. A，2007，445-446：155-162.

[17] Beladi H, Rohrer G S. The Distribution of grain boundary planes in IF steel [J]. Metall. Mater. Trans. A, 2013, 44 (1) : 115-124.

[18] Holm E A，Foiles S M. How grain growth stops：a mechanism for grain-growth stagnation in pure materials [J]. Science，2010，328 (5982)：1138-1141.

[19] Ullah A，Liu G Q，Wang H，et al. Optimal approach of three dimensional microstructure reconstructions and visualizations [J]. Mater. Express，3 (2)：109-118.

[20] Xu T，Sarkar S，Li M，et al. Quantifying microstructures in isotropic grain growth from phase field modeling：Topological properties [J]. Acta Mater.，2013，61 (7)：2450-2459.

[21] Ullah A，Liu G Q，Wang H，et al. A framework for image processing，analysis and visualization of materials microstructures using Image Jpackage [J]. Chinese Journal of stereology and image analysis，2012，17 (4)：301-312.

[22] 宋晓艳. 介观层次优化设计在高新材料开发中的应用 [J]. 自然科学进展，2004，14 (4)：361-368.

[23] Song X Y，Liu G Q，Gu N J. Re-analysis on grain size distribution during normal grain growth based on MonteCarlosimulation [J]. Scr. Mater.，2000，43 (4)：355- 359.

[24] Song X Y，M. Rettenmayr. Modelling of recrystallization in materials containing fine and coarse participitates [J]. Comp. Mater. Sci.，2007，40 (2)：234-245.

[25] 张彬彬，刘国权. 系列截面法层间距对晶粒体积和表面积测量的影响规律 [J]. 中国体视学与图像分析，2011，16 (4)：385-389.

[26] Luan J H，Liu G Q，Wang H. On the sampling of three -dimensional polycrystalline structures for distribution determination [J]. J. Microsc.，2011，244 (2)：214-222

[27] 康人木，刘国权. 超临界水冷堆燃料包壳管用低活性 F/ M 钢的优化设计 [J]. 原子能科学技术，2009，43 (6)：523-528.

[28] 康人木，刘国权. 超临界水冷堆包壳管用钢的一种体视学—计算材料学综合研究方法 [J]. 中国体视学与图像分析，2008，13 (4)：227-231.

[29] 吴凯，刘国权. 新型镍基粉末高温合金涡轮盘双重组织热处理实验与模拟研究 [C]. 材料科学中的数学应用研讨会论文集. 2010.

[30] Raabe D，Zhao Z. Roters F. Study on the orientational stability of cube-oriented FCC crystals under plane strain by use of a texture component crystal plasticity finite element method [J]. Scr. Mater.，2004，50 (7)：1085-1090.

[31] Raabe D，Zhao Z，Park S J，et al. Theory of orientation gradients in plastically strained crystals [J]. ActaMater.，2002，50 (2)：421-440.

[32] Song X Y，Rettenmayr M. Study on the effects of a deformation gradient on recrystallization in a material containing precipitates [J]. Scr. Mater.，2003，48 (8)：1123-1128.

[33] Wang H，Liu G Q. Evaluation of growth rate equations of three-dimensional grains using large-scale Monte Carlosimulation [J]. Appl. Phys. Lett.，2008，93 (13)：131902-131902-3.

[34] Wang H，Liu G Q，Song X Y，et al. Topology-dependent description of grain growth [J] .EPL，2011，96 (3)：38003.

[35] Wang H，Liu G Q. Ullah A，et al. Topological correlations of three-dimensional grains [J]. Appl. Phys.Lett.，2012，101 (4)：041910-041910-4.

[36] Wang H，Liu G Q. Generalization of the aboav-weairelaw [J]. EPL，2012，100 (6)：68001.

[37] 王浩，刘国权，栾军华. 凸形晶粒的各向异性三维 von Neumann 方程研究 [J]. 物理学报，2012，61 (4)：048102.

[38] 吴晋彬，刘国权，等. Nb、Ti、V 对含 Nb 微合金钢热变形行为的影响 [J]. 金属学报，2010，46 (7)：838–843.

[39] Tewari A，Suwas S，Srivastava S，et al. Preface [C]. Proceeding of the 16th international conference on textures of materials，2011. Materials Science Forum. 2012，702–703.

[40] Petzow G，Mücklich F. Microstructure：fascinating variety in stringent rules [J]. Prakt.Metal，1996，33 (19)：64–82.

[41] Yang P. Continuous recrystallization in pure Al–1.3%Mn investigated by local orientation analysis [J]. Trans. Nonferrous Met. Soc. China，1999，9 (3)：451–456.

[42] Liu T Y，Yang P，Meng L，et al. Influence of austenitic orientation on martensitic transformations during compression of a high manganese steel [J]. J. Alloy. Compd.，2011，509 (33)：8337–8344.

[43] Dingley D J. A comparison of diffraction techniques for the SEM [J]. Scanning electron microscopy，1981，Ⅳ：273–286.

[44] Dingley D J. Diffraction from sub–micron areas using electron backscattering in a scanning electron microscope [J]. Scanning electron microscopy，1984，Ⅱ：569–575.

[45] Adams B L，Wright S I，Kunze K. Orientation imaging：the emergence of a new microscope [J]. Metall. Trans. A，1993，24 (4)：819–831.www.phy.bris.ac.uk/news_archiv2.html

[46] AZtecSynergy & NordlysMax2：The fastest simultaneous collection of high quality EBSD and EDS maps [EB/OL]. http：//www.oxford–instruments.com/OxfordInstruments/media /nanoanalysis/EBSD/appnotes. 2012.

[47] Mao S C，Luo J F，Zhang Z，et al. EBSD studies of the stress–induced B2–B19' martensitictrans formation in NiTi tubes under uniaxial tension and compression [J]. Acta Mater，2010，58 (9)：3357–3366.

[48] Luo J F，Ji Y，Zhong T X，et al. EBSD measurements of elastic strain fields in a GaN/sapphire structure [J]. Microelectron. Reliab，2006，46 (1)：178–182.

[49] Cheng L，Zhang N，Yang P，et al. Retaining {100} texture from initial columnar grains in electrical steels [J]. Scr. Mater.，2012，67 (11)：899–902.

[50] Luo J R，Godfrey A，Liu W，Liu Q. Twinning behavior of a strongly basal textured AZ31 Mg alloy during warm rolling [J]. ActaMater.，2012，60 (5)：1986–1998.

[51] Li X L，Liu W，Godfrey A，et al. Development of the cube texture at low annealing temperatures in highly rolled pure nickel [J] .ActaMater.，2007，55 (10)：3531–3540.

[52] Luan B F，Chai L J，Wu G L，et al. Twinning during $\beta \rightarrow \alpha$ slow cooling in a zirconium alloy [J]. Scr. Mater.，2007，67 (7–8)：716–719.

[53] Wang W，Zhou B，Rohrer G S，et al. Textures and grain boundary character distributions in a cold rolled andannealedPb–Ca based alloy [J]. Mater. Sci. Eng. A，2010，527 (16)：3695–3706.

[54] Fang X，Wang W，Cai Z，Qin C，et al. The evolution of cluster of grains with $\Sigma 3^n$ relationship in austenitic stainless steel [J] .Mater. Sci. Eng. A，2010，527 (6)：1571–1576.

[55] Liu J L，Sha Y H，Zhang F，et al. Development of {210}<001> recrystallization texturein Fe–6.5 wt.% Si thin sheets [J].Scr. Mater，2011，65 (4)：292–295.

[56] 崔玲玲，陈正乐，陈柏林，等. 迁安铁矿变形岩石的 EBSD 组构分析 [J]. 岩石矿物学杂志,2010,29 (4)：387–396.

[57] 廖成伟，吴涛涛，李洋，等. EBSD 在古代遗存分析和器物制作技术研究中的应用 [J]. 电子显微学报，2011，30 (4–5)：414–423.

[58] Fang T H，Li W L，Tao N R，et al. Revealing extraordinary intrinsic tensile plasticity in gradient nano–grained copper [J]. Science，2011，331 (6024)：1587–1589.

[59] Yu Q，Shan Z W，Li J，et al. Strong crystal size effect on deformation twinning [J]. Nature，2010，463 (7279)：335–338.

[60] 电子背散射衍射分析方法通则. GB/T 19501-2004 中华人民共和国标准 [S]. 中华人民共和国国家质量监督检疫总局、中国国家标准化管理委员会. 北京：2004–4–30.

[61] Microbeam analysis - Guidelines for orientation measurement using electron backscatter diffraction (ISO 24713: 2009) (Foreign Standard).

[62] Microbeam analysis - Electron backscatter diffraction - Measurement of average grain size (ISO 13067: 2011, IDT).

[63] Sutton A P, and Balluffi R W. Interfaces in Crystalline Materials [M]. Clarendon Press, 1995.

[64] Watanabe T. An approach to grain-boundary design for strong and ductile polycrystal [J]. Res. Mech, 1984, 11 (1): 47-84.

[65] Brandon D G. The structure of high-angle grain boundaries [J]. ActaMater., 1966, 14 (11): 1479-1484.

[66] Lin P, Palumbo G, Erb U, et al. Influence of grain boundary character distribution on sensitization and intergranular corrosion of alloy 600 [J]. Scr. Metall. Mater., 1995, 33 (9): 1387-1392.

[67] Palumbo G, Erb U. Enhancing the operating life and performance of lead-acid batteries via grain-boundary engineering [J]. MRS Bull., 1999, 24 (11): 27-32.

[68] Randle V. Twinning-related grain boundary engineering [J]. ActaMater., 2004, 52 (14): 4067-4081.

[69] Randle V, Hu Y, Coleman M. Grain boundary reorientation in copper [J]. J. Mater. Sci., 2008, 43 (11): 3782-3791.

[70] Randle V, Jones R. Grain boundary plane distributions and single-step versus multiple-step grain boundary engineering [J]. Mater. Sci. Eng. A, 2009, 524 (1): 134-142.

[71] Karthikey T, Kumar M, Saraja S, et al. Evaluation of interface boundaries in 9Cr-1Mo steel after thermal and thermo mechanical treatments [J]. Metall. Mater. Trans. A, 2013, 44: 1673-1685.

[72] Papillon F, Rohrer G S, Wynblatt P. Effect of segregating impurities on the grain boundary character distribution of magnesium oxide [J]. J. Am. Ceram. Soc., 2009, 92 (12): 3044-3051.

[73] Lejcek P, Seda P, Kinoshita Y, et al. Grain boundary plane reorientation: model experiments on bi- and tricrystals [J]. J. Mater. Sci., 2012, 47 (13): 5106-5113.

[74] Kurihara K, Kokawa H, Sato S, et al. Grain boundary engineering of titanium-stabilized 321 austenitic stainless steel [J]. J. Mater. Sci., 2011, 46 (12): 4270-4275.

[75] 蔡正旭，王卫国，方晓英，等. 晶粒尺寸对冷轧退火纯铜晶界特征分布的影响 [J]. 金属学报，2010，46 (7): 769-774.

[76] 刘廷光，夏爽，李慧，等. 690 合金原始晶粒尺寸对晶界工程处理后晶界网络的影响 [J]. 金属学报，2011，47 (7): 859-864.

[77] Xia S, Zhou B X, Chen W J. Grain Cluster Microstructure and Grain Boundary Character Distribution in Alloy 690 [J]. Metall. Mater. Trans. A, 2009, 40 (12): 3016-3030.

[78] 王轶农，武保林，王刚，等. LY12 铝合金的再结晶织构、晶界特征分布及抗腐蚀性能 [J]. 金属学报，2000，36 (10): 1085-1088.

[79] 曹圣泉，张津徐，吴建生，等. IF 钢织构与晶界特征分布研究 [J]. 金属学报，2004，40 (10): 1045-1050.

[80] Wang W G, Yin F X, et al. Effects of recovery treatment after large strain on the grain boundary character distributions of subsequently cold rolled and annealed Pb-Ca-Sn-Al alloy [J]. Mater. Sci. Eng. A, 2008, 491 (1): 199-206.

[81] Wang W G, Zhou B X, Rohrer G S, et al. Textures and grain boundary character distributions in a cold rolled and annealed Pb-Ca based alloy [J]. Mater. Sci. Eng. A, 2010, 527 (16): 3695-3706.

[82] Fang XY, Liu Z Y, Tikhonova M, et al. Evolution of texture and development of $\sum 3^n$ grain clusters in 316 austenitic stainless steel during thermal mechanical processing [J], J. Mater. Sci., 2013, 48 (3): 997-1004.

[83] Wang W G, Dai Y, Li J H, et al. An atomic-level mechanism of annealing twinning in copper observed by molecular dynamics simulations [J]. Cryst. Growth Des., 2011, 11 (7): 2928-2934.

[84] 董垒，王卫国. 纯铜 [01-1] 倾侧型非共格 Σ3 晶界结构稳定性分子动力学模拟研究 [C]. 第八届全国材料科学与图像科技学术会议论文集. 2012.

[85] 夏爽，周邦心，陈文觉，等. 提高690合金材料耐腐蚀性能的工艺方法：中国，200710038731.5［P］.2007-09-05.

[86] 方晓英，王卫国，秦聪祥，等. Cr-Ni型不锈钢的耐腐蚀性优化处理工艺及耐腐蚀板材：中国，201010537237.5［P］. 2011-05-11.

[87] Lejeck P，Havlova V.Migration of 45°［100］grain boundaries in an Fe-6 at.% Si alloy［J］. Mater. Sci. Eng. A，2007，462（1）：446-449.

[88] Fang X Y，Wang W G，H. Guo，et al. Corrosion behavior of random and special grain boundaries in a sensitized 304 stainless steel［J］. J. Iron Steel Res. Int.，2007，Supplement 14（5）：1339-1343.

[89] 方晓英. 基于退火孪晶的304不锈钢晶界特征分布优化及其机理研究［D］. 上海：上海大学，2008，11.

[90] Fang X Y，Wang W G，et al. Distribution and corrosion behaviors of the triple junctions in a grain boundary engineered 304 stainless steel［J］. Int. J. Mod. Phys. B，2009，23（06n07）：1110-1115.

[91] Dunn D N，Shiflet G J，Hull R. Quantitative three-dimensional reconstruction of geometrically complex structures with nanoscale resolution［J］. Rev. Sci. Instrum.，2002，73（2）：330-312.

[92] Larsen A W，Poulsen H F，L. Margulies，et al. Nucleation of recrystallization observed in situ in the bulk of a deformed metals［J］. Scr. Mater.，2005，53（5）：553-557.

[93] Randle V. Special boundaries and grain boundary plane engineering［J］. Scr. Mater.，2006，54（6）：1011-1015.

[94] Rohrer G S，Saylor D M，Dasher B E，et al. The distribution of internal interfaces in polycrystals［J］. Z. Metallkd.，2004，95（4）：197-214.

[95] Saylor D M，Dasher B E，Adams B L，et al. Measuring the five-parameter grain-boundary distribution from observation of planar sections［J］. Metall. Mater. Trans. A，2004，35（7）：1981-1989.

[96] Randle V，Jones R. Grain boundary texture［C］. Mater. Sci. Forum，2010，638-642：196-201.

[97] 方晓英，刘志勇，秦聪祥，等. 多向锻造和单向轧制304不锈钢高温退火后的晶界特征分布［J］. 金属学报，2012，48（8）：895-906.

撰稿专家：（以姓氏笔画为序）

王　浩　王卫国　尹立新　左　良　刘俊友
杨　平　宋晓艳　张　跃　赵咏秋

执　　笔：宋晓艳　杨　平　王卫国　王　浩

图像分析研究现状与趋势

一、引言

（一）图像分析技术与体视学的关系

体视学是研究物体三维结构的科学，这些三维结构，可以是材料的空间结构，也可以是生物组织或器官的三维显示。图像分析技术是体视学研究的基本工具，经典的体视学方法基于物体的截面或投影通过图像分析方法来实现对物体的三维重建和测量分析。首先对物体的二维截面图进行处理，提取出感兴趣目标进行分析、测量；然后，应用体视学理论与方法实现对物体三维结构的描述和定量分析。因此，将图像分析技术和体视学方法结合起来，可有效实现物体从二维到三维的定量分析。

（二）图像分析技术与生物医学体视学和材料体视学

随着计算机技术和计算智能技术的发展，图像分析技术作为体视学研究中非常重要的分析工具、方法和手段，正在不断推进和发展着传统体视学技术。在体视学方法应用最广泛的生物医学和材料学领域，定量化、智能化的图像分析技术发挥了重要的作用。

生物医学体视学是图像分析的一个重要应用领域。1665 年，Robert Hooke 发明了第一台光学显微镜，打开了人类观察微观世界的大门，使生物学家利用显微镜研究观察生物器官、组织和细胞。到近代，显微镜与计算机成像结合，使细胞学和组织学等的研究由定性到定量化，极大地推动了生物学、遗传学、微生物学、病理学和医学等学科的发展。1895 年，德国著名物理学家伦琴发现 X 射线，开启了医学影像的新时代。如今的医学成像设备种类繁多，既有 CT、MRI、超声波检测等宏观成像设备，也不乏皮肤镜、内窥镜等微观成像设备。不断发展的医学成像与分析技术带给医生越来越丰富的信息，给医生的诊断提供有效的帮助。

材料体视学是图像分析的另一个重要应用领域。常用的材料研究方法一般先选择合适的化学成分和运用合理的制备工艺控制材料的组织结构，进而确定材料的使用性能和改善材料性能，其中显微组织的成像与测量分析是判断材料状态和内部结构的主要途径。随着材料科学的发展，研究材料的组织、成分和性能之间更为定量、本质的相互关系显得尤为重要。研究材料的显微结构需要其三维真实形貌，而如何由二维结构得到三维形貌则是体视学解决的难题。

图像分析技术从数字图像出发，对其中感兴趣的目标进行检测、提取、表达、描述和测量，从而获取其特征信息，为体视学研究提供了非常方便、有效和准确的定量分析方法和工具。

（三）中国体视学学会下属“图像分析分会”概况

中国体视学学会下属“图像分析分会”随总会的成立而建立，目前该领域活跃的会员单位主要有：西北工业大学、北京航空航天大学、中国科学院遥感应用研究所、中国科学院自动化研究所、深圳大学、西安电子科技大学、上海交通大学、浙江大学、南昌航空大学等单位。主要开展计算机图像处理、分析与识别的理论方法及应用的研究，在生物医学、材料和遥感等领域取得了突出的研究成果。

二、我国图像分析的研究现状与进展

（一）图像分析方法的研究现状

图像分析是以数字图像处理、分析与识别为主体，同时还利用人工智能、仿真与虚拟现实，以及统计分析、数值算法等应用数学知识的一种综合性很强的技术，其研究内容主要包括图像预处理、图像分割、图像特征提取、目标检测、分类识别以及目标的特性测量、分析和描述等。

1. 图像预处理

图像预处理是对质量下降的图像进行处理以提高图像的质量，体视学中用到的图像预处理方法主要包括图像去噪、模糊复原以及增强显示。

医学图像去噪是医学图像处理的一个热点问题，传统的去噪方法如邻域平均法、中值滤波以及低通滤波等。而新一代的去噪方法则越来越多的引入数学理论和技术，如数学形态学方法、模糊数学的方法、小波变换方法、多尺度几何分析方法、偏微分方程方法等等，形成了目前丰富的去噪方法和技术。超声图像中的降噪方法的设计通常围绕两个方面展开：一是增强图像中的细节信息以改善图像质量；二是抑制斑点噪声以便于图像的自动分析。针对小儿实时三维图像的四腔心切面，提出了采用各向异性扩散法进行滤波处理[1]，在心肌轮廓方向使用高扩散参数、在轮廓梯度方向使用低扩散参数，对原始图像进行滤波，有效增强了后续图像显示和分割的效果。提出了一种将双树复小波变换（DT-CWT）与非线性扩散相结合的超声图像去噪方法[2]，该方法不但能够很好地抑制噪声，而且能够更好地保留超声图像原有的边缘和纹理特征。CT 图像的噪声受到很多因素的影响，主要表现为高斯噪声和脉冲噪声。针对 PET/CT 图像重建中的噪声问题，提出了一种包含解剖端信息的中值非局部平均算法（AMNLM）[3]。该算法是对适用低信噪比图像去噪的非局部平均算法（NLM）的改进，与中值滤波方法、小波滤波方法和传统 NLM 方法相比，该方法具有更好的去噪效果。在 P-M 模型以及 Gilboa 的复扩散模型的基础上，提出了改进的基于各向异性复扩散模型的医学图像去噪方法[4]，该算法对 C T 医学图像的去噪效果明显，且保持边缘，视觉效果较好，同时减少了迭代次数，缩短了计算时间。针对皮肤镜图像的预处理，提出了基于偏微分方程（PDE）的毛发噪声的去除方法[5]，该方法首先利用形态学方法检测出毛发噪声，并采用基于 PDE 的 Inpainting 技术对毛发遮挡部位的信息进行恢复，有效提高了后续图像分割的准确性。体视学中图像模糊主要发生在显微及光学图像采集中，以散焦模糊为典型。散焦模糊的去除主要是通过图像复原方法来实现的，这类方法首先建立散焦模糊失真模型，计算散焦模糊半径并将模糊半径输入到失真模型中来完成模糊的去除，有代表性的方法如维纳滤波法和最大平滑复原法等。针对三维图像序列，提出了基于三维高斯 PSF 的复原算法[6]，基于 Hopfield 神经网络，实现了不同深度的 PSF 的图像复原。针对三维显微图像，提出了一种利用 BP 神经网络进行三维宽场显微图像复原的非线性映射方法[7]，将三维图像转化为二维图像进行处理，利用神经网络对切片堆叠进行逐幅复原，从而实现显微图像的三维复原，复原图像在视觉上和定量分析上都获得了很好的效果。图像增强是用来突出显示感兴趣的区域，提高图像的可懂度，以及提高后续图像分割的准确性的。针对肝门静脉 CT 图像，在基于 Hessian 矩阵的多尺度滤波方法的基础上，提出了一种利用新的相似性函数来增强肝门静脉的方法[8]，该方法能很好地增强肝门静脉螺旋 CT 造影图像。

图像预处理是后续图像分割和分析的前一个环节，其结果的好坏直接影响图像的可视性以及后续图像分割的准确性，在体视学图像分析中具有很重要的作用。

2. 图像分割

传统的医学图像分割一直停留在人机交互水平，而且处理结果受人为因素的影响。因此，如何实现图像的自动分割一直是医学图像处理的研究重点。近年来，随着各学科许多新理论和新方法的提出，人们也提出了许多与一些特定理论、方法和工具相结合的分割技术。这其中主要包括：基于数学形态学的分割、基于模糊理论的分割、基于小波变换的分割、基于遗传算法的分割、基于活动轮廓模型的分割（snake，level set）、基于分形的分割、基于图论的分割、基于视觉注意机制的分割、基于马尔科夫随机场的分割、基于机器学习的分割（如神经网络、支持向量机 SVM、Adaboost 算法等），等等。针对灰度分布不均匀和含有噪声的图像精确分割问题，提出了一种基于水平集框架的能量传导模型 ECM 用于对医学图像进行分割[9]，该模型在描述图像灰度分布的全局特征的同时，有效地捕捉到图像局部区域的灰度对比度变化，同时该算法基于水平集函数本身的拓扑可变性，使得该方法还能够实现同一图像中的多目标分割，在细胞图像以及胃部核磁图像中显示了很好的性能。针对细胞图像，提出了基于直方图势函数与形态学水域分割相结合的分割方法，该方法能够得到单像素宽的、并且位置准确的轮廓，从而实现了细胞图像的分割，并满足了医学图像分割可重复性的需求。针对噪声与局部体效应影响下的膝关节核磁图像，提出了统计相似度特征的医学图像分割方法[10]，该方法将图像的局部统计分布特征和Bhattacharyya相似度信息相结合并引入到测地线主动轮廓模型（GAC）和图切分（GC）模型的能量函数构造中，实现了膝关节核磁图像的精确分割。针对2维和3维CT的快速分割问题，提出了一种基于策略演化水平集算法的快速医学图像分割方法[11]，通过转换外部轮廓曲线/曲面上的点为内部轮廓曲线/曲面上的点，检验能量函数是否减小来决策水平集演化，实现了对人体多个部位的2维和3维图像的快速有效分割。针对肺部病理图像，提出了基于主动轮廓模型的边界分割方法，得到准确的病灶边界；针对医学X线图像对比度低、边缘模糊的问题，提出了基于图论的分割方法，该方法通过对图像进行伪彩色化处理，增加图像的彩色信息，提高图像的边缘对比度，在归一化割准则下得到完整的分割结果。

由于医学图像的复杂性，到目前为止，还没有一种对所有医学图像都能产生满意效果的分割方法。各种算法都是为解决一些特定的成像物理模型中的分割问题而产生的，很多人在把新方法和新概念不断引入图像分割领域的同时，也更加重视把各种方法综合起来运用。如文献［12］将遗传算法与自生成神经网络相结合在皮肤镜图像的分割中取得了非常满意的效果。

3. 目标的特征描述

对一幅图像，目标的颜色特征是一个非常明显且重要的特征。颜色值、颜色直方图是最常用的颜色特征。如肿瘤图像的细胞核染色情况与病变程度有非常显著且稳定的联系，因此肿瘤图像的颜色直方图特征可用于肿瘤图像的分级及病理检索[13]。纹理特征是一种不依赖于颜色或亮度的反映图像中同质现象的底层特征，不仅体现了物体表面共有的内在特性，还包含了物体表面组织排列的重要信息。纹理特征描述可采用基于统计方法的灰度共生矩阵法，也可以采用Markov随机场模型法，或者借助小波变换、Gabor变换等频率特征来描述。文献［14］将Gabor纹理特征用于描述皮肤镜图像的皮损目标，进而对皮肤肿瘤进行分割，取得了很好的分割结果。形状特征描述包括用于边界描述的Freeman链码、傅里叶描述子以及用于区域描述的面积、凹凸性、偏心度以及各阶图像矩等。文献［15］将Contourlet变换与Zernike矩结合提取纹理和形状特征，实现了CT图像的检索该方法具有良好的检索性能，并具有平移、尺度、旋转不变性。

生物目标的特征描述并不局限于我们所介绍的颜色、纹理、形状特征描述，有时需要针对特定的应用环境，设计专门的描述方法。针对皮肤镜图像，在形状特征方面，相对于恶性皮损目标而言，良性皮肤肿瘤的目标区域更接近于圆形或椭圆形状，呈对称性，同时区域边界较规则，较少有突出的枝杈状细小区域，其实际面积大小更趋近于其凸包区域的面积。根据这些特点[16]，目前针对皮损目标常用的形状特征包括椭圆圆度、纵横比、对称率和饱和度等 4 种参数来表征。局部不变描述子是近年来活跃在图像特征描述中的一个研究主题，在体视学得到了很好的应用，如 SIFT 特征描述子以及 WLD 韦伯特征等。词袋模型通过聚类的方法将图像的局部描述子进行聚类，利用量化方法得到每幅图像的词袋模型表示，是图像特征的进一步组织。把词袋模型与 PLSA 主题模型结合，提出了 PLSA-BOA 模型[17]来解决传统词袋模型中的语义问题，这使得基于词袋模型的分类方法在精度上得到了进一步提高，在医学影像分类中获得较高的分类精度。北京航空航天大学首先对病理图像提取 sift 局部不变特征，然后基于特征袋模型对所有 sift 特征向量聚类，形成一个视觉词典，将每张图像表示为一个关于视觉单词分布的特征向量，实现了病理图像的检索[18, 19]。

4. 目标的检测和识别

随着人类对自我观察、思考过程的理解，以及相应数学模型的不断产生以及计算机计算速度的不断提高，近年来，目标检测和识别技术不断发展。目前，目标检测识别模型可分为判别式模型和产生式模型两类。

判别模型又可以称为条件模型，或条件概率模型，是最常见的一类模式识别方法。判别模型直接利用正负样本的特征及对已知真值的标注估计各类别的条件概率分布，判别式模型的训练过程等价于对判别函数进行优化的过程。判别模型以检测为主，告诉人们图像里有什么、在什么位置。判别模型的应用较为广泛，常见的判别模型有逻辑回归、支持向量机（SVM）、神经网络、最近邻、Boosting 分类器提升算法等。AdaBoost（adaptive boosting）算法是 Freund 和 Schapire 在 1995 年根据在线分配算法提出的，它是一种迭代算法，其核心思想是针对同一个训练集训练不同的分类器（弱分类器），然后把这些弱分类器集合起来，构成一个更强的最终分类器（强分类器）。针对虹膜检测和定位问题，提出了一种利用 AdaBoost 算法进行虹膜快速检测和定位的方法[20]，根据虹膜灰度图像的空间结构特征，提取出 3 类 Haar-like 矩形特征，从中挑选对虹膜图像有最好区分性的 385 个特征构成弱分类器，再组合生成强分类器。该分类器系统有更高的检测速度和定位精度支持向量机（support vector machine，SVM）在解决小样本、非线性及高维模式识别中表现出许多特有的优势。针对乳腺 X 光图像，提出了一种改进的 SVM 分类算法——ISVM 算法[21]，该方法将 SVM 与粗糙集理论相结合，并将其应用于乳腺 X 光图像，分类器分类精确度可达到 96.56%。

在统计学上，产生式模型用于对随机生成的数据进行建模。在机器学习中，产生式模型用于直接对类别进行建模，或作为条件概率密度函数。产生式模型通过估计联合概率分布的参数实现对目标的建模。产生式从统计的角度表示数据的分布情况，能够反映同类数据本身的相似度。常见的主要有：朴素贝叶斯模型、多项式混合模型、高斯混合模型、马尔科夫随机场（MRF）、置信网络和深度网络学习等。文献［22］通过将 2 维 MRF 扩展到3维空间，提出了在三维空间建立了3D-MRF，并将其用于医学图像分割，分割效果更加稳定实用。针对CT图像，文献［23］提取图像的纹理、形状特征，采用高斯混合模型学习每一类训练样本的类模型，再利用贝叶斯准则对CT图像进行分类取得了满意的分类效果。近年来，越来越多的研究将用于语言文字分析的产生式模型用于图像处理，最具代表性的是LDA（latent dirichlet allocation）模型。LDA将文章按照单词—标题—文档进行层次组织，并形成语言文字的多层语法结构进行建模，实现文字自动语义理解。文献［24］将LDA这种语义模型应用于计算机辅助诊断，在肺部CT图像上的实验验证了语义模型对于图像理解有着重要的作用。

5. 目标特性的定量分析

生物体及其内部的组织、细胞在形态结构上的变化可以定量地揭示出其生理功能或病理改变，有助于疾病的诊断、手术的模拟和治疗的评估等工作。医学图像的测量最常见的是对目标几何形态的测量，如直径、周长、面积、体积等。白癜风患者皮肤面积、肝癌患者肝部恶性损伤部位的体积、肿瘤的大小等这些都是临床上常见的用于监测病情的几何参量。在对生物医学图像的几何形态进行测量时，由于生物组织的不规则性，通常需要进行估计。以面积测量为例，可以在获得的组织图像上等间隔的叠加测点，被测区域内的测点数与总测点数的比值代表了被测面积与切片总面积的比值，这样在已知切片面积的情况下就可以估计被测面积了[25]。

除了几何形态测量，在临床中还需要测量一些目标非外观的属性，这种测量需要依据病理的知识将待测属性转化为某种参量进行测量。以骨密度的测量为例，骨密度测量是诊断骨质疏松的主要手段。临床中有一种对骨密度的测量方法称为定量超声骨密度法，该方法将骨密度这一不好测量的量转化为对超声传输速度和振幅衰减两个参数的测量，具有价廉、便携、方便和无放射性等优点[26]。

对明确的目标可以直接进行测量，然而对于无法明确位置的目标就需要采用某种技术，使目标显现出来或者使模糊的目标更为明显。免疫组化是应用免疫学基本原理——抗原抗体反应，使标记抗体的显色剂显色来确定组织细胞内抗原，对其进行定位、定性、定量的研究，免疫组化的应用对于诊断肿瘤、肿瘤分类、判断预后产生了重大的影响。对免疫组化检测结果的定量分析可以采用光密度指标。在免疫组化检测时切片厚度相同的情况下，光密度值与阳性物质的含量成正比，呈线性关系，其大小不易受到光源亮度等因素的干扰。

6. 三维成像及可视化

与体视学相关的三维成像问题的研究主要集中在显微三维成像及其可视化上。针对显微三维成像不同的应用，目前常用的基于光学显微镜成像技术有基于聚焦深度（depth from focus）；基于光学切片成像（optical section）和物理切片成像的三维建模和绘制；基于双目立体视觉原理的光学体视显微镜立体成像技术（stereoscopic microscopy）等。其中，基于聚焦深度（depth from focus）的三维成像是通过光学显微成像获取待测物体表面不同部位的局部信息，融合后得到完整表面清晰图像信息和深度信息，然后重建三维模型；基于光学切片成像（optical sections）、物理切片、显微 CT 以及激光扫描共聚焦显微术（confocal）成像的三维成像方法和医学领域常用的 X 线断层成像、磁共振成像和功能磁共振成像类似，通过序列切片成像获取标本内部不同层面上二维信息，然后基于多序列光学切片信息，采用面绘制或直接体绘制的可视化方法重建和显示三维模型。

三维数据场的可视化方法主要有面绘制和体绘制两类。面绘制是指由切片数据集提供的三维体数据中抽取出等值面，然后再用传统的图形学技术实现表面绘制，但缺乏内部信息的表达；体绘制以体素作为基本单元，直接研究光线穿过三维体数据场的变化，保留了三维数据场内部丰富的细节信息，绘制的图像具有很高的保真度。但其缺点是计算量大，包括体数据的采样、重构、重采样、组合、绘制等操作。因而直接体绘制技术的研究集中在光照模型和绘制的过程上。体可视化（volume visualization）是科学可视化的一个重要分支，它的主要任务是处理和分析从实验中获得的、扫描器测得的、由计算模型合成的体数据（在医学领域包括 CT、MRI、PET 以及组织切片图像），并且对这些数据进行变换、操作和三维显示，目的是使人们更清楚地认识蕴涵在体数据中的复杂结构。体视化研究主要集中在如何提高体视质量和体视算法的速度，包括转换函数的构造和设计，好的阻光度转换函数能够揭示出体数据的重要结构信息。因此，转换函数的设计近年来成为新的研究热点。

（二）图像分析在体视学中的应用现状与进展

经过几十年的发展，图像分析研究由简单的图像增强和边缘提取，发展成数学理论基础完备，图像分析、计算机视觉和医学的交叉学科，发展了许多成熟可靠的技术方法，并在医学、材料、航空航天、娱乐传媒、公安等各个领域取得了广泛的应用。下面从生物医学领域、材料领域以及三维场景建模等方面介绍图像分析技术在体视学中的应用。

1. 生物医学领域

图像分析技术在生物医学方面的应用非常广泛，涉及 CT 核磁图像、X 光图像、细胞显微图像、皮肤镜图像等各个方面，在临床和研究实践中获得良好的应用。

（1）医学图像检索与辅助诊断研究

在医疗机构中，每天都会产生大量的医学图像数据，高效地管理海量的医学图像并使其为临床诊断和医学科研服务成为当前迫切需要解决的问题。

基于内容的图像检索 CBIR 建立在计算机视觉和图像理解理论基础之上，具有客观、节省人力、可建立复杂描述、通用性好和应用前景广阔等许多优点，正受到越来越广泛的重视，并得到了迅速的发展。北京航空航天大学等单位[18, 19, 27]在国家自然基金的资助下开展病理图像检索的研究工作。针对五类乳腺亚种病理切片图像，采用特征袋（BoF）、概率潜在语义分析（pLSA）等语义模型来描述病理图像的高层语义特征，选取 Gabor、

SIFT 等局部特征，并结合显著性检测、颜色反卷积等方法，逐步将病理图像的检索率提高到 90% 以上。2013 年，相关单位及企业合作开展“病理切片图像自动检索引擎软件”研究，针对用户对数字病理切片图像检索与辅助诊断日益增长的需求，配合云存储平台中海量的数字病理切片，开展基于内容的数字病理切片自动检索研究。

在计算机辅助诊断系统的研究上，文献［28］根据原发性肺癌及肺良性疾病（肺炎、肺结核、肺炎性假瘤）临床资料，利用 Logistic 回归分析模型开发了肺癌诊断辅助系统，其总体诊断准确率达到了 90.8%。文献［29］利用高光谱成像技术对舌图像进行图像和光谱特征提取，并利用贝叶斯分类器建立了舌象辅助诊断系统，挖掘了舌象图像特征与疾病之间的物理机理联系。上海交通大学[30]从整个肝脏 CT 的计算机辅助诊断的基本结构入手，通过特征提取和特征选择构造了面向肝脏 CT 的辅助诊断系统。南京航空航天大学[31]利用眼底图像的交互式全景视图拼接、基于特定分割模型理论的眼底图像的交互式杯盘分割等技术方法，设计了基于眼底图像的辅助诊断软件系统，帮助医护人员更好地观察图像是否具有病灶或存在某种眼底疾病的趋势及潜在可能。西北大学[32]将医学图像的处理技术与数据挖掘方法有机地结合，构造基于医学图像数据分类器的学习机制，设计了针对乳腺癌的辅助诊断系统。

（2）皮肤肿瘤图像自动分析系统

皮肤恶性肿瘤是皮肤疾病中首位致死性疾病。相比于欧美国家，中国人的皮肤癌发病率较低，但近年仍以 3% ~ 8% 的比例逐年上升，并且高达每 10 年增加两倍。皮肤镜是一种观察活体皮肤表面以下微细结构和色素的无创性显微图像分析技术，可作为皮肤恶性肿瘤的筛选和诊断的有效工具。2007 年，解放军空军总医院与北京航空航天大学合作[5, 12, 33]，在国家自然基金的资助下，率先对中国人的皮肤镜图像分析诊断技术展开研究。提出了基于 PDE 的毛发遮挡信息修复、基于 SGNN 的图像自适应聚类分割、基于组合异构神经网络的皮损目标分类等一系列方法，对皮损目标进行成功分类，敏感度和特异度均达到了 97.1% 的国际先进水平。该系统已应用于医院临床，为医生提供了有效的辅助诊断。鉴于课题组在皮肤镜图像诊断技术研究上的突出成果，中央电视台第二套节目《消费主张》栏目记者就该项成果对课题组成员进行了专访，并在 2011 年 4 月 30 日正式播出，在社会上引起了巨大反响。

在此基础上，课题组进一步针对皮肤肿瘤多光谱图像进行研究，提出了多光谱皮肤成像及医学图像辅助诊断机理的研究方法。研究建立了多光谱皮肤肿瘤成像技术，无创获取黄色人种皮肤组织从 430 ~ 950nm 间 10 个波段光谱图像的二维、三维可视信息，揭示肿瘤侵袭皮肤组织的多光谱成像规律与病理诊断的关系，阐明了其对皮肤肿瘤早期诊断与预后判断的机理；结合遗传算法自生成神经网络，实现皮肤组织中 10 个谱段图像的自适应聚类分割和基于模式的内皮损区及目标过渡区的准确划分；参照皮肤镜诊断指征，定量分析颜色、纹理和形状等特征，提取并优选 10 个波段的光谱特征，基于组合神经网络模型，实现皮肤肿瘤的自动识别。该研究填补了黄色人种多光谱成像早期诊断在国际上的研究空白。

（3）组织或器官的三维重建及体视分析

应用体视学对组织和器官进行三维重建、显示和分析，其方法主要是序列组织切片图像的三维重建和无偏体视学测量技术。二维连续物理切片图像经过插值可重建一个三维体数据，通过图像分割后，可实现微观结构的三维测量，应用三维可视化技术，可实现三维表面或内部透明的显示。北京航空航天大学等单位[34, 35]针对体数据重建、层间配准技术和体视学界目前普遍采用的三维粒子无偏定量分析方法：Disector 无偏体视学分析方法进行研究，提出用一种计算机图像分析方法来自动实现三维粒子计数、测量的方法，即自动 Disector 方法。使用自动 Disector 分析系统对生物组织切片多种粒子（细胞等）进行三维体积密度测量和计数分析，可以简化寻找新出现粒子的过程，克服切片采集过程中的形变，在统计分析之后，立体地观察粒子结构，能够使操作者从繁琐的手工操作中解脱出来。与北京大学第一医院儿科实验室合作[36]，开展自动 Disector 方法在神经细胞自动计数、肾小球自动计数及其三维重建显示中应用研究，取得了满意的结果。解放军总医院肝胆外科[37]采用体视学方法完成了人类肝门部胆管癌切片图像的三维重建、大鼠胆管切片的三维重建显示观察。

（4）DICOM 医学显微数据管理

DICOM 标准的推出与实现，大大简化了医学影像信息交换的实现，推动了远程放射学系统、图像管理与通信系统（PACS）的研究与发展。随着数字病理切片在医院的广泛普及和应用，医院 HIS 和 PACS 系统急需对数字病理图像进行管理，建立数字切片和 PACS 的接口标准和软件模块是显微图像相关企业目前必须开展的研发工作。为此，DICOM 出台了关于数字病理切片图像管理标准的补充部分，即 Supplement 145：Whole Slide Microscopic Image IOD and SOP Classes。为与国际最新标准接轨，2012 年国内相关单位开展了数字病理切片 DICOM 技术和软件技术开发，结合了海量数字病理切片数据和广泛服务客户资源以及 DICOM 标准的深入解读与扩展等优势，该技术将极大推动国内数字病理切片存储管理的标准化进程。

（5）分子影像

分子影像作为获取生物体细胞和分子水平生理病理信息的成像新方法，为疾病发生发展及药效评价的研究提供信息获取和分析处理的新手段，将成为下一代医学影像技术。针对单模态分子影像成像速度、深度和精度问题，首先对漫射光传播模型进行了研究，探讨了辐射传输方程扩散近似解的存在性、唯一性和正则性，并发展了一种基于混合辐射度学—辐射亮度定理的自由空间光子传输模型，以解决光学成像系统中成像镜头的复杂性和生物体表面逃逸光子的朗伯源特性问题。针对生物体的非匀质特性，提出了多水平自适应有限元重建算法、多光谱多尺度光源重建算法等多种行之有效的重建算法。

中国科学院分子影像重点实验室研发了光学分子影像前向仿真平台（MOSE）、医学影像算法平台（MITK）和三维医学影像数据处理平台 3DMed，用户来自于 70 余个不同的国家和地区，1000 多家不同的单位，并得到美国、法国、日本等国家研究机构的关注和使用，目前累计下载量 20000 余次。针对理论算法的验证和生物实验的开展，构建了单模态激发荧光成像系统、自发荧光成像系统和 Micro-CT 成像系统。在生物应用方面，针对成像系统性能的验证，在生物医学领域科研单位的协助下，进行了一系列在体生理病理和药效评价实验，包括肺癌细胞系 NCI-H460 发生、发展、转移以及对药物的敏感性实验，LM3 肝癌发生、发展、转移以及对药物的敏感性实验等，达到了预期的实验效果，部分结果发表在 *PLoS ONE*、*Molecular Imaging*、*Optics Express* 等国际主流杂志上[38-41]。

2. 材料体视学领域

利用计算机图像分析技术解决体视学研究中的统计分析是非常方便、有效和准确的，两者的有机结合给传统定量金相学带来新的生机，也为材料的研究与制备提供了科学、准确的分析手段，该技术近年来得到了长足发展，已经应用于材料断口分析、组织测量、材料性能研究等方面。

（1）断口图像的分析

断裂是工程材料失效中最危险的一种形式，特别是一些低应力脆性断裂可能会造成灾难性的后果。从二维分析来推算三维断口形貌总会存在着某些差异。很多研究人员利用立体图像来观测断口形貌。南昌航空大学无损检测技术实验室[42]提出了基于灰度共生矩阵的金属断口图像分类方法，根据不同步长、不同灰度压缩级时特征值的变化曲线，利用加权欧式距离分类器将金属断口图像分为 4 类。中国直升机设计研究所[43]运用断口疲劳条带反推寿命的理论基础，采用断口定量分析方法，在断口上测量裂纹长度和裂纹扩展速率，建立二者之间的关系图，以对疲劳试验首断件进行判定。北京航空材料研究院[44]利用列表梯形法和 Paris 公式对 FGH95 合金疲劳断口进行了定量分析，结果表明疲劳裂纹扩展长度与疲劳寿命之间较好地符合直线关系，疲劳裂纹扩展速率随疲劳裂纹长度的增大而增大，二者呈直线、二次曲线或三次曲线关系。

（2）组织参量的测量和评级

材料显微组织的测量和分析是研究材料最基本方法，利用图像处理和体视学技术可以完成很多显微组织特征量的测量。晶粒的大小对材料的综合力学性能有着显著的影响。晶粒尺寸的一维和二维参量的测量目前容易实现，而多晶体材料中晶粒在空间的数量密度是晶粒尺寸和形状的分布函数。在基本组织参量测定的基础上，通过一定的计算，就可求出其他一些金相指标。北京科技大学材料科学与工程学院[45]为了测试球墨铸铁显微组织中给定相的体积分数、粒子的平均截线长度等参数，采用了显微组织体视学定量分析方法，从图像中提取特定几何形态数据进行显微组织特征定量分析，解决了显微组织形貌与性能之间的相互关系。

（3）研究组织与性能的关系

材料的化学组成和显微结构是决定材料性能及应用效果的本质因素，研究材料的显微结构特征及其演变过程以及它们与性能之间的关系是现代材料科学研究的中心内容之一，所以定量地测量材料的显微结构并求出这些参数对材料性能的影响也是图像分析技术的主要用途之一。中南大学粉末冶金国家重点实验室[46]采用磁悬浮感应熔炼铸造方法制备了晶粒粗大的 Ti-46Al-2Nb-2Cr 合金。通过显微组织观察，研究了在高温预处理过程中，不同淬火介质下的冷却速率对铸态合金显微组织的影响。北京科技大学材料科学与工程学院[47]以一种超临界水冷堆（SCWR）燃料包壳管用候选材料高 Cr 低活性铁素体 / 马氏体钢为研究实例，综合运用体视学与计算材料学，实现了 SCWR 用钢相组成的定量实验观测与系统性计算预报的相互验证，以及 CWR 用钢相组成的综合研究。通过正确理解其基本原理及其适用性，此类综合研究方法亦可望推广应用到其他材料的相组成和显微组织的定量研究。

（4）显微组织演变的研究

材料在加工和使用过程中可能会导致显微结构的改变，而材料显微结构的改变又会导致材料性能发生变化。最常见的就是由于腐蚀而对材料结构的影响。在实际环境中，无论是无机材料，高分子材料还是金属材料都不可能避免腐蚀。西安建筑科技大学材料科学与工程学院[48]用燃烧波前沿淬熄法研究了自蔓延高温合成（SHS）TiC-Cu 复合材料的显微结构演变，用扫描电子显微镜（SEM）观察了燃烧反应中原始粉、反应区和产物区的显微结构，用能谱仪（EDX）分析了各微区的成分变化，测量了燃烧温度五，并用 XRD 分析了反应产物的相组成。为了更好地对材料的质量实现控制，需要在生产中对很多材料的组织进行评级。由于各种组织的不均匀性和复杂性，评级与人工经验有很大关系，为此，将模糊数学应用于组织评级是一种较好的工程实现方式。中国科学院地质与地球物理研究所[49]利用模糊数学方法，采用岩石单轴抗压强度 UCS 和岩体完整性指标 K_v，分别建立 UCS 和 K_v 关于 TBM 施工岩体质量 4 级分级的隶属度函数。基于模糊数学的最大隶属度准则，实现对 TBM 施工的岩体质量进行分级。北京科技大学数理学院[50]根据模糊集理论，提出一种评定合金工具钢共晶碳化物级别的数学模型，借助计算机对碳化物的不均匀度进行了识别，得到了较好的结果。

3. 三维场景建模领域

随着信息技术的发展，越来越多的图像和视频出现在人们的生活中和互联网上。将已有的图像和视频组织成为三维场景模型，就成为一个非常有前景的工作。三维场景建模是计算机视觉和计算机图形学两个学科交叉的重要研究领域，中科院自动化研究所模式识别国家重点实验室近年来对三维场景建模领域进行了深入研究[51-54]，其工作主要包括三维数据获取、三维数据的特征计算和分析、三维场景重建及实时渲染等几方面。

（1）三维数据获取

研究工作集中在快速高精度双目立体匹配计算方面。双目立体匹配指的是以两张不同角度拍摄的场景图像作为输入，计算恢复场景的深度信息。立体匹配算法的优劣评价主要考虑两个方面：计算精度和执行效率。提出了一种新的立体匹配算法，在精度和效率方面均获得了优异的结果：该算法在当时的 Middlebury 评测中精度排名第一，计算效率在前 30 算法中排名第一，达到 8 ~ 10 帧 / 秒的准实时处理速度，同时具备高精度和高效率。

（2）特征计算

研究工作集中在曲面上的曲率线计算、Ridge 线计算、脐点检测。由于脐点的存在隐式曲面曲率线计算非常困难。提出了一个计算、显示隐式曲面上计算曲率线的算法，可以提取复杂、精确的曲率线网拓扑结构图，其相应的计算技术也可被应用于其他数值分析研究中。2D 流形曲面上的 Ridge 线提取，基于场的思想与 Ridge 理论，提出 Ridge 方向场概念，发展了一般光滑流形曲面上 Ridge 图的计算框架，研究了网格模型上脊线和谷线的计算方法，发展了任意三角网格的脐点检测方法。针对离散点云数据，提出了基于法向拟合的二阶微分量估计方法，在数据带有很强噪声情况下取得比较精确的估计结果。

（3）三维离散数据的分析

研究工作集中在点云曲面全局参数化和四边形网格化、三维模型形状分解与语义理解和大模型点云采样。根据点云的主方向来进行点云曲面全局参数化和四边形网格化。对于给定的点云模型，提出了一种新的直接全局参数化点云模型的算法，利用该算法的参数化结果进行的网格化既减少了网格面片数目，又反映了点云模型的内在几何特征，符合人眼对三维物体的识别特点。基于感知信息的三维模型形状分解与语义理解方法，对点云形式表示的三维模型进行形状分解，主要包括带“环”和不带“环”的三维物体模型。提出了一种基于外存的大规模点云的重采样及重建方法，采样得到的重建结果能够完全保留原始点云的拓扑信息。

（4）三维重建

研究工作集中在数据分割、物体识别和场景表示、数据缺失严重情况下的重建和基于多种传感器数据的植物重建和快速建模。场景激光扫描数据的目标分割。扫描所获得的室外场景往往会包含不同类型的物体，通过建立计算机可读的知识域进行场景目标识别与分类，并对不同部分进行基于高斯映射的形状理解。基于激光扫描数据的树木结构分割和重建。提出了从深度图像中提取骨架的方法，并可以生成树的广义圆柱模型。树木点云数据缺失严重情况下，针对高噪声深度图像提出了以主曲率分析为基础的树木自动重建技术，降低了树木重建对输入数据精度的要求。基于多种传感器数据的植物重建，通过叶尖点检测从带噪声的激光数据和多幅图像中产生植物模型。基于草图的树木建模方法，解决了已有方法适用树木形态有限的问题。

（5）复杂场景真实感快速渲染和大规模呈现

研究工作集中在三维模型简化、真实感实时模拟和森林场景实时阴影的真实感绘制。高效通用的叶片简化算法和不同叶片模型的光滑过渡。提出了一个新的叶片简化算法，时间效率大大提高。研究精细的多边形网格与连续的层次细节 LOD 模型的有机结合，提出的平滑过渡方法实现了这两类截然不同的模型的平滑过渡。水墨动态扩散效果的真实感实时模拟技术，简化水墨扩散效果的物理模型，获得真实、高效的水墨扩散模拟效果。复杂植物场景的真实感绘制技术，针对不同类型的场景和不同类型的植物，根据实际要求分别采用不同的算法进行绘制。森林场景实时阴影的真实感绘制，改进了 PSSM（parallel split shadow mapping）方法来生成实时阴影。

三、国内外对比

（一）图像分析方法及其应用研究与国际同步

对比我国与国际上研究工作者在体视学领域所用到的图像分析方法，可以看出我国科学工作者在体视学中所用到的图像预处理、图像分割、特征提取、图像定量测量、三维重建、可视化等方法已达到国际上的先进水平。这主要得益于中国体视学学会与国际体视学学会的接轨和广泛学术交流，使得我国体视学图像分析技术在理论和应用上得到了快速发展，相关研究热点问题与国际同步。

（二）科学仪器的先进性尚有差距

尽管我国体视学图像分析技术在理论水平上达到了国际先进水平，然而影响应用发展的除了理论研究还有科学仪器的研制，在这方面我国与较发达的美国、英国、丹麦等国家还有一定差距，如显微自动 DISECTOR 分析系统，显微图像自动分析与可视化系统等实验设备，主要差距体现在仪器的系统性、精度上。

在医学成像仪器方面，以 CT 设备为例，据统计数字，截至 2008 年年底，国内县级以上医院的 CT 机保有量累计已达 6800 多台，其中 90% 左右为进口品，国产品仅占 10% 的份额，我国 CT 机市场几乎被六大 CT 机生产商垄断，它们是美国的 GE 公司、德国的西门子公司、荷兰的飞利浦公司和日本的东芝、岛津和日立公司。美国 GE 公司的宝石 CT，采用宝石作为探测器材料，由于宝石特殊的物理特性，大幅度提高了 CT 图像的空间分辨率和低密度分辨率，使 CT 进入高清晰时代。荷兰 PHILIPS 公司推出业界最快的螺旋 CT，Brilliance iCT，最快旋转速度达到 0.27 秒 / 圈，较常规 CT 提高接近一倍，心脏冠脉成像时间缩短至 2 ~ 5 秒。德国西门子公司拥有世界上首台双源 CT（DSCT）机等。相比之下，国产 CT 机无论是起步还是精度方面都远远比不上国外的先进 CT 机[55]。国内 CT 机的龙头老大是沈阳东软公司，1997 年推出第一台 CT 机时其成像速度仅为 58 秒，还远落后于当时进口 CT 机 15 秒的平均成像时间，近几年国产 CT 机发展如火如荼，然而高端 CT 机的发展仍有待突破。

再比如皮肤镜的研制，国外在 20 世纪 80 年代就已经出现了皮肤镜，意大利的 Cascinelli 等[56] 在 1987 年第一次把皮肤镜图像分析技术应用于恶性黑素瘤的临床诊断中。2001 年，美国加州的医疗器械生产商 3Gen 研发出了首台偏振光皮肤镜 DermLite，偏振光皮肤镜中置入了交叉偏振光源。2011 年，德国 FotoFinder 公司在德国杜塞尔多夫国际医院设备展览会（Medica）上展示了早期皮肤癌检测的发展方向，并推出世界上首台移动互联网皮肤镜 Handyscope[57]，这也是第一台基于 iPhone 平台的皮肤癌检查移动设备。而相比于国外，我国在 2007 年才开始着手研制具有自主产权的皮肤镜装置，并在 2008 年研制成功基于偏振光的皮肤镜装置，2009 年我国首个皮肤镜图像自动分析系统诞生，这也是目前世界上唯一一个针对黄色人种的皮肤镜图像辅助诊断系统。

四、我国图像分析的重点研究方向

（一）图像分析方法的最新研究方向

1. 精准的图像分割方法是体视学图像分析方法的重要研究内容

在生物医学体视学中，所涉及的图像通常对比度较低，组织器官的可变性复杂，不同软组织之间或软组织与病灶之间的边界模糊，形状结构和微细结构（血管、神经）分布复杂、不同人的器官形状和特征有较大的差异，同时由于成像设备的场偏移效应等使得精准的医学图像分割难度非常大。在众多的分割算法中，不同的分割算法适合于不同的应用场合，能够根据图像的特点自动地选择合适的分割算法，则可以有效提高图像的分割精度，这也是目前图像精准分割算法研究中的一个趋势。

2. 图像理解和目标自动识别是目前成为本领域的研究热点

研究者从对自然场景图像的理解以及语言文字分析的研究中得到启发，提出了一些新的研究方法和思路，并形成了新的研究热点，主要包括视觉注意机制、特征袋模型、稀疏表示、流形学习以及 LDA 模型等，这些方法在医学图像的分析中也逐渐显露出优势。

视觉注意机制建模[58]是一个多学科交叉的研究领域，对于认知心理学、人工智能、计算机视觉等领域具有重要的研究意义。基于视觉心理学研究的选择注意机制已经成为人类选择特定兴趣区域的一个关键技术。基于视觉注意机制的图像分析方法，可以将图像中感兴趣的特定区域提取出来，在感兴趣区域内进行目标的检测和识别。这种图像方法赋予现有分析过程一定的选择能力，将资源优先分配给那些感兴趣的区域，这使它对于解决数据筛选的问题、降低计算量并提高计算机对信息处理的效率都具有极为重要的研究意义和应用价值[59-61]。特征袋模型[62, 63]最初来源于文本信息检索和文本分类等应用。在这个模型中，一个文档通常可以看作是由若干词汇组成，通过将所有文档的词汇划分不同的主题，再用每个主题在文档中的出现次数构成特征矢量用于描述每一个文档。在图像处理领域，特征袋模型通常对每幅图像提取局部不变特征描述子，并认为每一幅图像是由这些局部特征描述子构成，通过聚类方法对这些局部描述子聚类，从而得到特征袋模型中的特征字典，最后利用量化方法得到每幅图像的词袋模型表示，并通过匹配的方法即可实现图像的分类和检索。稀疏表示模型认为，自然图像可以看成由多个基函数构成的线性组合，把图像投影到基函数构成的特征子空间时，产生对自然图像的稀疏表示。在图像分析与识别领域，它已成功地运用到数据降维[64]、特征袋模型[65, 66]和分类器设计[67]应用中。流形学习可以用来对图像进行特征抽取。而基于局部性质的流形学习，旨在发现高维数据的分布规律，提示其内在几何结构，可以用来对数据集进行降维或者实现数据可视化。LDA（latent dirichlet allocation）模型[68]方法是多个 Multinomial–Dirichlet 分布对的组合，最初用于对自然语言文本和其他离散数据的建模。利用该模型，可以对自然场景图像中物体所在位置进行建模，进而实现图像的分割和目标分类。

（二）辅助诊断系统的不断丰富和完善

基于图像分析技术的医学图像辅助诊断系统将在未来医院相关学科得到快速发展

图像分析技术在生物医学工程方面的应用几乎伴随了图像处理技术发展的历史。20 世纪 60 年代后期至 70 年代早期，数字图像处理开始用于医学图像。1972 年英国 EMI 公司工程师 Housfield 发明了用于头颅诊断的 X 射线计算机断层摄影装置，即 CT（computer tomograph），开创了医学断层图像分析与诊断工作；另一类是对医用显微图像的处理分析，如红细胞、白细胞分类、染色体分析、癌细胞识别、痰涂片结核杆菌检测、皮肤病理图像分析等；此外，在 X 光肺部图像增晰、超声波图像处理、MR 核磁影像分析、心电图分析、立体定向放射治疗等医学诊断方面都广泛地应用图像分析技术。采用数字图像分析系统，由计算机分析和识别软件代替人眼，不仅大大减少了目视判读工作量，检验结果也实现定量化，精度大幅提高。

随着信息科学、物理学和生物医学越来越紧密地结合，更多的辅助诊断系统进入医学临床诊断和治疗领域，不断丰富和完善现有的医学影像辅助诊断系统。这些系统所要实现的主要目标就是，充分利用以往的已经确诊的病例的数据库信息和有经验的医生临床诊断经验以及方法来帮助医生快速准确地确诊病情。

越来越多的医学辅助诊断系统不断涌现，并且呈现出专门化的特点，即针对特定疾病的辅助诊断系统，这样有助于提高疾病诊断的准确率，实现智能化的医疗服务。

（三）高维成像与显示

尽管三维医学图像显示以三维形式在计算机屏幕上呈现的医学图像在空间信息的表达上更加直观与充分，然而，当医生需要比较不同时刻病灶变化或者观察活动器官时，普通的三维可视化显然不能直观地表达出所需的时变信息。因此，医生不得不手动比较在不同时刻采集到的图像，这种比较方式费力耗时，尤其是在图像没有配准或者数量非常庞大的情况下。所以，对由一组不同时刻的三维医学图像序列组成的四维数据集进行动态可视化显得尤为重要，即引入四维医学图像的概念，加入了时变参数，采集多时刻的三维数据。如此庞大的数据量对计算机的处理能力和绘制算法的优化是一个极大的考验，这也是当前四维医学图像的研究热点。

（四）分子影像技术

分子影像作为获取生物体细胞和分子水平生理病理信息的成像新方法，为疾病发生发展及药效评价的研究提供信息获取和分析处理的新手段，是下一代医学影像技术的发展方向，也是体视学图像分析方法的重要应用领域。分子影像非匀质重建新方法是该领域的热点方向。其应用及产业化需要在成像模型与重建算法方面、技术平台方面、成像设备方面、生物应用方面得到深入研究。

五、我国体视学图像分析的发展建议和对策

随着图像分析与体视学技术进一步的研究，其在生物医学、材料科学以及地质学等的应用也会进一步深入，碰到的问题和困难也会越来越多。尽管有很多问题亟待解决，但图像分析技术和体视学方法有机结合将会进一步推动体视学的发展，为体视学生物医学、材料学的研究提供强有力的技术支持。目前来看，本领域的发展可能需要在以下方面得到深入。

（一）加强理论与技术基础的研究

我国的体视学发展很迅速，体视学的研究队伍很庞大，应用范围也很广泛，涉及材料科学、矿物学、生物医学等许多领域。我国在体视学的应用领域、人数上处于国际领先地位，然而目前我国的体视学研究主要集中在利用数字图像处理、模式识别、人工智能、计算机图形学、统计学、应用数学等其他学科的现有理论、方法，来解决生物医学、材料学、地质学等领域中的问题。而对于一些图像分析技术与体视学结合的新理论、新算法的研究较少，主要是在沿用一些经典的体视学算法，创新性有待提高。因此，我们应根据实际情况，尽可能缩小差距。一方面用好现有的体视学研究成果，为我们的社会和科技发展做出贡献，另一方面加强新的体视学方法的研究，使我们的体视学不只停留在应用层面。此外，可考虑成立专门的研究体视学及其应用的科研机构或在大学设立相应的学科专业，加强体视学基本理论与方法的研究，建立本学科的理论与技术基础。

（二）发挥交叉学科优势，积极转化计算机视觉的研究成果

图像分析是计算机视觉领域的基础研究内容，随着计算机技术发展，计算机视觉理论与方法近年来得到了广泛、深入的研究与发展。而体视学与计算机视觉是相互渗透、关系密切的两个学科，他们的深入研究都涉及光电子技术、数字计算机技术、应用数学、认知科学等许多领域。两个学科的发展是相互促进的，计算机视觉是专门研究三维客观世界

的科学，在深度信息提取与分析、三维形状的建模与识别、多视角立体匹配等方面都取得了很多的研究成果。这些都与体视学的研究密切相关，应当积极汲取计算机视觉的研究成果，尤其是对三维景物的数据获取、分割、特征提取、三维场景的描述、三维运动分析，以及三维景物的理解，将这些用于体视学方法及其应用的研究，是体视学未来研究不可忽视的重要内容。

与此同时，也应发挥中国体视学学会学科交叉性的特点和优势，增强各学科的融合与互补，发展中国特色的体视学理论研究与应用，不断拓展体视学的概念及其应用领域。

参考文献

[1] 薛海虹，陈滨津，孙锟，等. 虚拟内窥镜心脏超声图像滤波和分割方法评价 [J]. 上海交通大学学报（医学版），2011，31（2）：169-172.

[2] 侯雯，吴一全. 基于复小波域非线性扩散的超声图像去噪 [J]. 生物医学工程学杂志，2012，29（2）：332-336.

[3] 强彦，卢军佐，赵涓涓. PET/CT 医学图像去噪方法的研究 [J]. 清华大学学报（自然科学版），2012，52（8）：1056-1060.

[4] 张美玉，张素琼，秦绪佳，等. 改进的各向异性复扩散模型的医学图像去噪方法 [J]. 小型微型计算机，2012，31（5）：970-973.

[5] Xie Fengying，Qin Shiyin，Jiang Zhiguo，et al. PDE-based unsupervised repair of hair-occluded information in dermoscopy images of melanoma [J]. Computerized Medical Imaging and Graphics，2009，33（4）：275-282.

[6] 孟猛，王宇. 基于 Hopfield 网络的三维显微图像复原 [J]. 武汉理工大学学报（交通科学与工程版），2008，32（2）：236-239.

[7] 陈华，金伟其，张楠，等. 基于神经网络的三维宽场显微图像复原研究 [J]. 光子学报，2006，35（3）：473-476.

[8] 刘晶晶，张智，世碧波，等. 基于多尺度滤波的肝门静脉 CT 图像增强方法 [J]. 中国图像图形学报，2008，13（11）：2117-2122.

[9] 段侪杰，马竟锋，张艺宝，等. 能量传导模型及在医学图像分割中的应用（英文）[J]. 软件学报，2009，20（5）：1106-1115.

[10] 郭艳蓉，蒋建国，郝世杰，等. 统计相似度特征的医学图像分割 [J]. 中国图像图形学报，2013，18（2）：225-234.

[11] 董建园，郝重阳，齐敏. 基于策略演化水平集的医学图像快速分割 [J]. 中国图像图形学报，2009，14（8）：1689-1695.

[12] Xie Fengying，Bovik A C. Automatic segmentation of dermoscopy images using self-generating neural networks seeded by genetic algorithm [J]. Pattern Recognition，2012，46（3）：1012-1019.

[13] 李广丽. 基于颜色特征相似度判别的肿瘤图像检索研究 [J]. 计算机工程与设计，2012，33（11）：4272-4277.

[14] He Yingding，Xie Fengying. Automatic skin lesion segmentation based on texture analysis and supervised learning [C]. ACCV. Daejeon Korea：2012.

[15] 张启东，吴建华，高立群. 基于非下采样 Contourlet 变换和 Zernike 矩的医学图像检索 [J]. 仪器仪表学报，2009，30（6）：1275-1280.

[16] 孟如松，孟晓，姜志国，等. 基于国人皮肤镜黑素细胞肿瘤图像的智能化分类与识别研究 [J]. 中国体视学与图像分析，2012，17（3）：191-199.

[17] 曹春红，赵大哲，张斌，等. 基于 PLSA-BOW 模型的医学影像分类算法的研究 [J]. 计算机应用与软件，2012，29（12）：103-107.

[18] Ma Yibing，Shi Jun，Jiang Zhiguo，et al. pLSA-based pathological image retrieval for breast cancer with color deconvolution [C]. Multispectral Image Processing & Pattern Recognition. Wuhan：2013.

[19] Shi Jun，Ma Yibing，Jiang Zhiguo，et al. Pathological image retrieval for breast cancer with pLSA Model [C]. The 7th International Conference on Image and Graphics. Qingdao：2013.

[20] 陈瑞，林喜荣，丁天怀. 基于 AdaBoost 算法的快速虹膜检测与定位 [J]. 清华大学学报（自然科学版），2008，48（11）：1747-1750.

[21] 蒋芸，李战怀. 基于改进的 SVM 分类器的医学图像分类新方法 [J]. 计算机应用研究，2008，25（1）：53-55.

[22] Zhou Zhenhuan. Medical image segmentation based on a 3D-MRF [C]. International Conference on BioMedical Engineering and Informatics. Sanya：2008：137-141.

[23] Dong Yin，Jia Pan，Peng Chen，et al. Medical image categorization based on gaussian mixture model [C]. International Conference on BioMedical Engineering and Informatics. Sanya：2008：128-131.

[24] Li Bo，Wang Ke. Computer aided diagnosis semantic model for the report of medical image via LDA and LSA [C]. International Symposium on IT in Medicine and Education. Wuhan：2011：699-703.

[25] 杨正伟. 实用体视学方法 [M]. 北京：科学出版社，2012.

[26] 王文志. 骨密度测量的临床应用与质量控制 [J]. 药品评价，2012，9（7）：36-40.

[27] 姜志国，张立国，史骏. 基于内容的数字病理切片检索技术研究 [C]. 第八届全国生物医学体视学学术会议、第十一届全军军事病理学学术会议、第七届全军定量病理学学术会议. 昆明：解放军军事医学科学院，2012.

[28] 吕优江，俞守义. 肺癌辅助诊断系统的开发 [J]. 南方医科大学学报，2009，29（7）：1410-1412.

[29] 李庆利，薛永祺，刘治. 基于高光谱成像技术的中医舌象辅助诊断系统 [J]. 生物医学工程学杂志，2008，25（2）：368-371.

[30] 王姝勤. 肝脏 CT 辅助诊断系统中特征选择和提取研究 [D]. 上海：上海交通大学，2010.

[31] 董银伟. 眼底图像辅助诊断系统关键技术研究及开发 [D]. 南京：南京航空航天大学，2012.

[32] 高妮. 支持向量机及其在乳腺癌辅助诊断系统中的应用研究 [D]. 西安：西北大学，2009.

[33] 张立国，胡博，宋琪，等. 皮肤镜图像分析与管理系统 [C]. 第七届图像图形技术与应用学术会议. 北京：2012.

[34] 董海军，姜志国，周付根，等. 组织切片图像的 Disector 计算机自动计数及三维显示 [J]. 中国体视学与图像分析，2000，5（2）：109-113.

[35] 姜志国，孟如松，赵宇，等. 组织切片三维图像的可视化技术研究 [J]. 中国体视学与图像分析，2002，7（3）：170-174.

[36] 苗鸿才，韩可汉，顾方六. Disector 方法观察一侧肾切除成年大鼠留存肾肾小球形态计量学改变 [J]. 中国体视学与图像分析，1996，1（1）：35.

[37] 李文岗，黄志强，陈永亮，等. 大鼠门静脉动脉化肝门部胆管微血管的三维重建观察 [J]. 消化外科，2004，3（6）：411-414.

[38] Yang Xuejuan，Liu Peng，Sun Jinbo，et al. Impact of brain-derived neurotrophic factor val66 met polymorphism on cortical thickness and voxel-based morphometry in healthy chinese Young Adults [J]. PloS one，2012，7（6）：e37777.

[39] Zhong Jianghong，Qin Chenghu，Yang Xin，et al. Fast specific tomography imaging via cerenkov emission [J]. Molecular Imaging and Biology，2012，14（3）：286-292.

[40] Liu Kai，Tian Jie，Yang Xin，et al. A fast bioluminescent source localization method based on generalized graph cuts with mouse model validations [J]. Optices Express，2010，18（4）：3732-3745.

[41] Zheng Jian，Tian Jie，Deng Kexin，et al. Salient feature region：a new method for retinal image registration [J]. IEEE Transactions on Information Technology in Biomedicine，2011，15（2）：221-232.

[42] 苏静，黎明. 基于灰度共生矩阵的金属断口图像的分类研究 [J]. 计算机工程与应用，2008，44（9）：223-225.

[43] 王胜霞，窦松柏. 断口定量分析在直升机关键动部件疲劳试验分析中的应用 [J]. 直升机技术，2012，2：19-22.

[44] 侯学勤，范金娟，王占彬. FGH95合金疲劳断口的定量分析研究 [C]. 第十二届中国高温合金年会. 北京：2011.

[45] 李姝睿. 球墨铸铁显微组织的体视学定量分析 [J]. 辽宁工程技术大学学报（自然科学版），2011，30（增刊）：167-169.

[46] 肖代红. 冷却速率对粗晶铸造 TiAl 合金显微组织的影响 [J]. 特种铸造及有色合金，2008，28（9）：666-668.

[47] 康人木，刘国权. 超临界水冷堆包壳管用钢的一种体视学——计算材料学综合研究方法 [J]. 中国体视学与图像分析，2008，13（4）：227-231.

[48] 肖国庆，段锋. TiC-Cu 复合材料自蔓延高温合成中的显微结构演变 [J]. 稀有金属材料与工程，2007，36（增刊 3）：499-502.

[49] 祁生文，伍法权. 基于模糊数学的 TBM 施工岩体质量分级研究 [J]. 岩石力学与工程学报，2011，30（6）：1225-1229.

[50] 徐秀春，张志刚，李安贵. 工具钢碳化物自动评级的模糊矩阵范数模型 [C]. 第十一届国际体视学大会暨第十届中国体视学与图像分析学术会议. 北京：2003：283-288.

[51] Wu Fuzhang，Dong Weiming，Kong Yan，et al. Content-based color transfer [J]. Computer Graphics Forum，2013，32（1）：190-203.

[52] Zhang Xiaopeng，Wu Enhua. Foreword to special section on virtual environments and applications [J]. Computers & Graphics，2012，36（8）：A13-A14.

[53] Xu Shibiao，Mei Xing，Dong Weiming，et al. Real-time ink simulation in a grid-particle framework [J]. Computers & Graphics，2012，36（8）：1025-1035.

[54] Liu Jia，Jiang Zhiguo，Li Hongjun，et al. Easy modeling of various trees from freehand sketches [J]. Frontiers of Computer Science，2012，6（6）：756-768.

[55] 徐子森，王敏. CT 设备技术新进展 [C]. 2008 年中华临床医学工程及数字医学大会暨中华医学会医学工程学分会第九次学术年会论文集. 北京：2008. 624-629.

[56] Cascinelli N，Ferrario M，Tomelli T，et al. A possible new tool for clinical diagnosis of melanoma：The computer [J]. J Am Acad Dermatol，1987，16：361-367.

[57] handyscope - mobile dermatoscope：handyscope [EB/OL]. http：//www.handyscope.net，2013-08-06.

[58] Navalpakkam V，Itti L. Modeling the influence of task on attention [J]. Vision Research，2005，45（2）：205-231.

[59] Meur O L，Callet P L，Barba D，et al. A coherent computational approach to model bottom-up visual attention [J]. IEEE Transactions on Pattern Analysis and Machine Intelligence，2006，28（5）：802-817.

[60] Fu H，Chi Z，Feng D. Attention-driven image interpretation with application to image retrieval [J]. Pattern Recognition，2006，39（7）：1604-1620.

[61] Yu Y，Wang B，Zhang L M. Visual attention-based ship detection in SAR image [J]. Neural Networks，2010，67：283-292.

[62] Feifei L，Perona P. A bayesian hierarchical model for learning natural scene categories [C]. IEEE Conference on Computer Vision and Pattern Recognition. San Diego：2005，2：524-531.

[63] Wang Jinjun，Yang Jianchao，Yu Kai，et al. Locality-constrained linear coding for image classification [C]. IEEE Conference on Computer Vision and Pattern Recognition. San Francisco：2010：3360-3367.

[64] Qiao Lishan，Chen Songcan，Tan Xiaoyang. Sparsity preserving projections with applications to face recognition [J]. Pattern Recognition，2010，43（1）：331-341.

[65] Lee H，Battle A，Raina R，et al. Efficient sparse coding algorithms [C]. Advances in Neural Information

Processing Systems. Massachusetts: MIT Press, 2007: 801–808.

[66] Yang Jianchao, Yu Kai, Gong Yihong, et al. Linear spatial pyramid matching using sparse coding for image classification [C]. IEEE Conference on Computer Vision and Pattern Recognition. Miami: 2009: 1794–1801.

[67] Wright J, Yang AY, Ganesh A, et al. Robust face recognition via sparse representation [J]. IEEE Transactions on Pattern Analysis and Machine Intelligence, 2009, 31 (2): 210–227.

[68] Blei D M, Ng A Y, Jordan M I. Latent dirichlet allocation [J]. Journal of Machine Learning Research, 2003, 3: 993–1022.

撰稿专家:(以姓氏笔画为序)

田　捷　张晓鹏　赵忠明　赵荣椿　姜志国　谢凤英

执　　笔:姜志国　谢凤英

CT技术发展现状与趋势

一、引言

（一）CT 技术的概念和学科定位

CT 为英文 computed tomography 的缩写，译为“计算机断层成像技术”或“计算机层析成像技术”。简单讲，CT 是一种“内视”技术，不需破坏物体即可看到物体的内部结构。传统的 X 射线 CT 的成像原理是，利用从一系列角度照射的被测物体的 X 射线透视图像，依据射线与物质的作用原理建立数学成像模型，通过计算机实现特定的重建算法得到被测物体内部各处物质对 X 射线的线性衰减系数的图像（即 CT 图像），它能够反映出物体内部的结构信息。

现代 CT 的物理成像过程有了广泛的扩展，如 X 射线的相移、折射、散射等都可以用于 CT 成像。除 X 射线之外，其他波长的电磁波（如伽马射线、红外波、太赫兹波、毫米波、荧光）以及核磁、声波、超声波、电容、电阻等都被用于 CT 成像，使得 CT 设备家族和应用领域不断扩大，展现了广袤的发展前景。CT 成像具有数字化、无影像重叠、非破坏、非接触以及易于处理、存储、传输等特点。CT 成像已成为目前临床医学诊断的重要工具、亦被广泛应用于工业检测、安全检测、材料成像、生物成像等众多领域。CT 技术是一门交叉科学，涉及物理、数学、信息、机械、电子、医学、生物等多个学科。

CT 与体视学有着密切的关系。体视学是由所获取的三维对象在一维和二维空间的测量信息，推知三维对象的结构和定量信息的一门科学。广义讲，体视学涵盖了由所获取的低维流形上的统计或测量信息，重建或估计高维流形信息的原理、方法以及仪器等，包括高维信息的定量分析、可视化、图像理解、形态结构分析及其应用。X 射线 CT 成像可归结为从沿射线的投影数据，重建三维 CT 图像的问题，在此意义上 CT 亦属于体视学的研究范畴。我国体视学界将 CT 理论与应用、图像分析、生物医学、材料科学等学科有机的联系起来，有力地推动了各学科的快速发展。

（二）体视学会下属“CT 理论与应用分会”概况

我国 CT 研究始于 20 世纪 80 年代初期，早期研究单位有北京信息工程学院、上海交通大学、东南大学、清华大学、重庆大学、国家地震局等单位。1986 年 12 月“CT 理论与应用研究会”成立，作为中国计算机学会的二级学术团体，邱佩璋教授任研究会首届理事长。1997 年该学术团体挂靠中国体视学学会，更名“CT 理论与应用专业委员会”，后更名“CT 理论与应用分会”。1987 年创办了《CT 理论与应用研究》杂志，主要报道 CT 理论与应用方面的创新性研究成果，反映国内外 CT 科技的前沿和进展，该杂志是我国专门刊登 CT 理论与应用研究成果的主要学术刊物，自 2004 年起被收录为“中国科技论文统计源期刊”。2000 年起设立“CT 和三维成像科技新进展奖”，该奖项是经国家科学技术奖励办公室核准并备案的科技进展类奖（国科奖社证字第 0115 号），至 2010 年共进行 4 次评奖和颁奖活动。经主管部门批准，2012 年“CT 和三维成像科技新进展奖”更名为“中国体视学学会科学技术奖”。CT 理论与应用分会在促进学术交流、科研协作、科普活动等方面发挥了积极作用，2000 年以来学会召开全国性学术会议和各类专题研讨会二十余次（表 1）。

表 1　CT 理论与应用学术会议和技术研讨会情况

会　议	时　间	地　点	主　办　方	承　办　方
国际 CT 和三维成像学术会议	2000.10	北　京	中国体视学学会、中国国际友谊促进会和中华英才半月刊社信息中心	《CT 理论与应用研究》编辑部和中国体视学学会 CT 理论与应用专业（筹）委员会
CT 扫描和三维成像研讨会（CT 科技学术年会）	2002.10	北　京	CT 理论与应用研究编辑部和北京信息工程学院	中国体视学学会 CT 理论与应用专业（筹）委员会
CT 和三维成像学术会议	2004.10	北　京	中国体视学学会 CT 理论与应用分会和清华同方威视技术股份有限公司	《CT 理论与应用研究》编辑部
北京地区工业 CT 技术发展专题研讨会	2007.7	河北承德	中国体视学学会	清华大学核研院与中国体视学学会 CT 理论与应用分会
CT 和三维成像太原学术会议	2007.8	山西太原	中国体视学学会 CT 理论与应用分会	中北大学
全国工业射线成像和 CT 应用技术研讨会	2008.7	四川绵阳	中国体视学学会 CT 理论与应用分会	中国工程物理研究院应用电子学研究所
全国工业射线成像和 CT 应用技术研讨会	2009.7	上　海	中国体视学学会 CT 理论与应用分会	GE 检测科技和上海英华无损检测公司
全国工业射线成像和 CT 应用技术研讨会	2010.8	上　海	中国体视学学会 CT 理论与应用分会	岛津国际贸易（上海）有限公司
全国工业射线成像和 CT 应用技术研讨会	2012.7	四川绵阳	中国体视学学会 CT 理论与应用分会	中国工程物理研究院应用电子学研究所
北京工业 CT 技术专题研讨会	2013.4	京郊国家地震紧急救援训练基地	中国体视学学会	中国体视学学会 CT 理论与应用分会，北京固鸿科技有限公司

（三）CT 理论、技术和应用研究情况概述

近年来，我国在 CT 理论、技术及应用方面都取得了快速的发展。目前，我国从事 CT 理论、软件、器件研究和设备开发的单位已达数十个，CT 设备的应用单位更是数以千计。鉴于 CT 学科的交叉性以及应用的广泛性，国内 CT 研究与应用工作者分属多个学术团体，其中包括中国体视学学会 CT 理论与应用分会、中华医学会放射学分会、中国医学装备协会 CT 工程技术专业委员会、中国机械工程学会无损检测分会等。目前国内活跃的研究单位有清华大学、东北大学、重庆大学、首都师范大学、中北大学、北京航空航天大学、北京大学、北京信息科技大学、北京交通大学、上海交通大学、西安交通大学、西北工业大学、第四军医大学、天津大学、华中科技大学、解放军信息工程大学；中国科学院高能物理研究所、中国科学院自动化研究所、中国科学院深圳先进技术研究院、中国工程院电子研究所、东营三英精密工程研究中心、同方威视股份有限公司、沈阳东软医疗系统有限公司、上海联影医疗科技有限公司、华润万东医疗装备股份有限公司。

本专题报告的目的是总结近 5 年来我国在 CT 基础理论、关键技术、关键器件、仪器设备以及 CT 应用方面的进展和成果；分析我国未来 5 年发展战略需求和重点发展方向；并结合我国实际，提出了本学科发展的建议。鉴于 CT 学科广泛性，本专题报告将主要综述与体视学相关的研究进展和成果，特别是工业 CT 方面的进展和成果。

二、我国 CT 研究与应用进展

（一）CT 基础研究进展

CT 基础研究包括：CT 成像原理，CT 数据探测原理，CT 数据扫描模式，CT 图像重建方法，数据和图像处理方法等。

X 射线 CT 是国内研究最为广泛的 CT 成像方法之一，目前的研究包括：X 射线单能成像、多能或多能谱成像、相位成像等。目前广泛使用的医学和工业 CT 设备均基于单能成像原理，即利用物质对于单能 X 射线的吸收差异进行成像。为了改善 CT 图像对物质的区分能力，采用两组或多组能量或能谱的数据，通过特殊的重建方法获取比传统 CT 图像更丰富的物质信息。相位 CT 是近十年发展起来的新成像方法，通过 X 射线与物质作用时相位变化的信息进行成像，以改善弱吸收物质 CT 成像的对比度。除 X 射线 CT 外，我国学者还在电学 CT 方面，其中包括电容 CT、电阻 CT、电磁 CT 等，开展了卓有成效的研究。在成像原理方面，电学 CT 与 X 射线 CT 有一定的相似性，但也存在不少差异。

CT 图像重建方法是 CT 基础研究的核心。CT 图像重建的任务是由 CT 数据重建被测物体的 CT 图像。CT 图像重建方法可以分为两类：解析重建方法和迭代优化重建方法。解

析重建方法优点是重建速度快，但算法往往依赖于CT扫描轨道和射线束，图像质量对数据噪声敏感。迭代优化类算法本质上不依赖CT扫描轨道和射线束，但突出的问题是计算量大。近年来随着计算机硬件技术尤其是通用显卡技术的发展，使得迭代优化类重建算法的研究快速升温，特别是基于建模和条件设计的目标优化的迭代重建方法成为研究热点之一。此外，压缩感知技术给予人们关于数据采样与图像重构的新思路，激发了新的研究热点。下文着重综述CT图像重建方法的热点研究问题和国内在此方面的研究进展。如无特别说明，所述的CT图像重建方法均相应于X射线单能CT成像。

1. 锥束CT重建方法

锥束CT是指基于面阵列探测器的CT成像方法，其中锥束指X射线源焦点与面阵列探测器所形成一锥形射线束。与传统基于一维线阵列探测器的扇束CT相比，锥束CT每次可以获得一幅二维图像，具有射线利用率高和各向分辨率相同等优点。锥束CT依扫描时射线源焦点相对于被扫描物体形成的轨迹，分成圆轨迹、螺旋轨迹、鞍形轨迹、直线轨迹和非标准轨迹等。

（1）螺旋轨迹锥束CT精确重建算法

对于物体可以被锥束完全覆盖的情况，Smith和Tuy给出了锥束CT图像精确重建完备性条件，并由Smith，Tuy，Grangeat等人提出了多种精确重建算法[1,2,122]。但对于长物体，如果锥束沿轴向不能完全覆盖物体，则导致扫描数据沿轴向发生截断，不能用上述精确算法获得精确重建。Ge Wang等20世纪90年代初将螺旋轨迹锥束CT扫描模式用于长物体的CT成像，并提出了近似重建算法[3]。但由于长物体的螺旋锥束CT数据在轴向上存在数据截断，在很长时间内一直没有精确重建算法。2002年美国中佛罗里达大学的Katsevich提出了基于PI线的FBP重建算法[4]，首次揭示出图像与数据的一种非全局依赖关系，即图像上一点的CT值仅依赖于部分角度的扫描数据。2004年芝加哥大学的Zou和Pan提出了另一类精确重建算法——BPF重建算法[5,6]，建立了CT图像与Hilbert图像的关系，进一步揭示了图像上一点的CT值仅与每个角度投影的部分数据有关。上述工作开启了螺旋锥束CT精确重建算法的研究热潮。有关螺旋锥束CT的研究综述参见文献[122]。

国内多个研究团队研究了螺旋轨迹锥束CT的精确重建方法。其中，北京大学提出了螺旋锥束CT的FBP重建算法的锥覆盖快速实现方法[7,8]，该方法是以测量数据为驱动的实现方法，与Katsevich基于PI线的直接实现方法相比，锥束覆盖方法可减少运算量和节省存储，适合并行运算。清华大学给出了曲面探测器的BPF算法[9]，以及一种断层内均匀分辨率的PI线采样方法并给出了GPU加速实现方法[10,11]。

为了提高锥束CT扫描速度，上海交通大学与Ge Wang等合作，研究了多光源锥束CT重建问题（即CT成像系统由多个X射线源和面阵列探测器构成），提出了奇数个源的螺旋锥束CT的FBP精确重建算法及其快速实现，还给出了马鞍线锥束CT的FBP精确重建算法，并被作为PMB期刊“特色论文”[12,13]。首都师范大学给出了三锥束CT基于测量线的 BPF 图像重建的快速实现方法，该方法避免了三维插值、节省内存空间、适合 GPU 快速实现，还给出了锥束个数与成像窗宽之间的关系[14]。多锥束 CT 可以显著提高数据采集的速度，抑制活体 CT 图像的运动伪影。

（2）锥束 CT 近似重建算法改进和应用

早在 20 世纪 80 年代，Feldkamp 等就提出了圆轨迹锥束 CT 的 FDK 近似重建算法[15]。圆轨迹锥束 CT 数据不满足 CT 完备性数据条件，因此不能精确重建被测物体。但当锥束轴向锥角较小时，FDK 方法重建结果近似程度很好。20 世纪末到 21 世纪初，FDK 方法得到了一系列推广和改进，包括引入平行锥角数据重排[16, 17]的 T-FDK、HT-FDK、适应自由几何结构的 FDK 重建等。对于螺旋锥束 CT，Katsevich 等精确重建算法并没有完全替代 FDK 型近似重建算法。可能的原因，一是精确算法所用的数据限于一个曲边窗内，对于矩形探测器不能有效使用全部数据，可能不利于获得图像最优信噪比；二是精确重建算法的计算复杂度显著高于近似重建算法，而重建图像的质量对于实际 CT 系统无显著差异。

清华大学通过分析平行束投影和三维 Radon 变换之间的关系，建立了由锥束投影精确变换到平行束投影的关系，并提出了用于改善大锥角圆轨道重建的 C-FDK 算法[18, 19]。清华大学研究了大螺距 CT 重建问题，这是提高锥束 CT 扫描速度的另一类方法：大螺距扫描将导致数据缺失，螺旋锥束共轭投影内插和基于图像域估计投影的螺旋锥束重建算法可以在一定程度上解决相对螺距大至 2 的锥束 CT 重建问题，得到较好的重建图像效果。常规医学螺旋 CT 的相对螺距多在 0.5 ~ 1 之间。大螺距 CT 重建对于加速医学或安检 CT 设备成像速度具有重要意义[20]。

（3）锥束 CT 成像水平视野拓展

由于面阵列探测器面积限制，射线源与探测器所构成的锥束在很多应用场合不能覆盖被检测物体。为了用小面积的探测器对大物体成像，北京航空航天大学、清华大学、首都师范大学、重庆大学等单位先后研究了锥束 CT 的成像视野拓展问题。所提出的方法可分为两类：一类是通过探测器偏置达到用较小探测器对大物体进行扫描，另一类是通过 CT 转台单次或多次偏置扩大成像视野。而所用的重建方法，一类是通过数据插值方法补全数据，然后使用 FDK 类算法进行重建[21]，另一类是利用 BPF 算法中 Hilbert 图像与数据的局部依赖特性，直接反投影得到 Hilbert 图像，再通过有限 Hilbert 逆变换得到大视野 CT 图像[22-24]。

2. 不完全数据重建方法

在医学、工业等实际应用中，经常遇到 CT 扫描数据不完全的成像问题。其中，一类是主动的，如医学 CT 成像中为了降低射线对受检者的伤害，通过对射线源遮挡而人为采集局部数据。另一类是被动的，如工业 CT 检测中工件较大，探测器视野无法覆盖，而且只需要对部分区域成像等；或者由于检测物体的几何形态原因无法采集部分角度的 CT 数据。近年来，基于压缩感知理论在 CT 成像领域的扩展，通过探测器结构或采集模式设计，进行稀疏采样成像也属于第一类。不完全 CT 扫描数据成像包括：感兴趣区域 CT、稀疏采样 CT、有限角采样 CT 等。

（1）感兴趣区域 CT 成像

感兴趣区域（region-of-interest，ROI）CT 成像是指由 ROI 邻域的扫描数据对 ROI 进行 CT 成像的方法。ROI 成像不仅可以减少扫描数据量，还可以减小辐射剂量和硬件成本。ROI 成像又分为外部问题和内部问题。外部问题指成像区域位于物体的外缘，而内部问题是指成像区域在物体内部，不包含任何边缘点。

美国 Zou-Pan 提出的反投影滤波算法，所揭示的图像上一点的 CT 值与每个角度投影的部分依赖关系，引发了感兴趣区域精确重建算法的研究[5, 6]。Defrise 等用 PI 线的截断希尔伯特变换处理的方法对 ROI 进行重建，并提出了一类 ROI 精确重建的充分条件。当 ROI 位于物体内部时，由经典理论不能唯一重建图像[25]。Ye、Wang 和 Kudo 等通过引入先验信息实现了对内问题的重建，其中一类先验为在特定内部区域中某个小区域的真实图像为已知；另一类为真实图像是分片常数[26-28]。有关问题的详细综述见文献［123］。清华大学提出，在扫描物体外放置一小物体，如果小物体连同 ROI 的扫描数据已知时，可以精确重建 ROI 图像[29]。北京大学与 Wang 等合作，证明当真实图像为分片多项式时，可由截断投影数据唯一确定真实图像，并通过高阶全变差最小化迭代重建真实图像，有关结果推广到 SPECT 内问题及相位衬度内问题[30, 31]。西安交通大学与 Wang 等合作，提出了统计内重建的方法以提高低剂量情况下 ROI 的图像质量[113]。最近，西安交通大学将基于字典学习和稀疏表示约束的重建方法用于统计内重建，并通过引入图像零阶矩先验约束项，简化内重建中需要已知支撑的问题[114]。此外，西安交通大学还研究了 ROI 数据的直接梯度重建方法[117]。Katsevich 提出了用 SVD 方法解析求解有限长 Hilbert 变换[32]。清华大学与 Katsevich 合作将该方法用于 CT 图像重建，提出了基于 SVD 的内重建方法[33]。

（2）稀疏采样 CT 成像

稀疏采样 CT 成像的稀疏性可以表现为采样角度稀疏和探测器单元稀疏。采样角度稀疏又被称为“少量角度”。2004—2006 年 Candes 等人的研究成果表明：基于图像总变差（TV）最小的正则化方法能够以少量角度投影，对一类信号 / 图像实现精确重建[34, 35]。2006 年 Sidky 和 Pan 将 TV 与 ART 方法结合，通过最速下降法求 TV 极小，实现了对一类高频稀疏图像的精确重建[36]。近年来，迭代型稀疏采样重建算法得到了较快的发展[37-39]。2011 年，Pan 等人又提出了 Hadamard full sampling 的概念，给出了应用稀疏采样数据进行 CT 重建所需数据量的仿真实验估计[40]，为实际重建中所需数据量提供了参考。首都师范大学研究了由少量角度的扇束投影重建三维 CT 图像的 TV-ART 共轭梯度迭代方法[41]，并研究了由少量角度的平行扇束投影重建工件三维 CT 图像的 GPU 快速实现方法，提供了用线阵列探测器实现工件三维 CT 成像的实用方法[42]，在扫描时间相同的情况下，该方法比螺旋扇束 CT 重建方法，显著提高了工件三维图像的轴向分辨率。清华大学提出了对双能 CT 稀疏采样情况下的压缩感知先验设计和对应重建方法[43, 44]。西安交通大学提出了稀疏采样情况下 ROI 重建问题的重建方法[113]。

（3）有限角采样 CT 图像重建方法

有限角采样是指对物体的扫描所能获得的数据在 Radon 域关于角度的覆盖范围小

于 π。理论上有限角扫描得到的数据有可能唯一地确定被扫描物体的线性衰减系数的分布，但实际中该类求逆问题严重病态。对有限角重建问题的研究主要有两条途径：数据补偿和通过约束条件改善问题病态性，并通过迭代方法重建图像。直线 CT（LCT）、板状物 CT（tomosynthesis）等都是典型的有限角 CT 成像问题，其数据在 Radon 域呈特殊的采样分布。针对 LCT 成像方式的重建方法（例如直接滤波反投影算法、Linogram 频域重建算法和基于 Linogram 的 GPEL 外推迭代算法等）主要通过数据补偿和迭代恢复数据来获得较好的图像效果。目前，基于 TV 约束最小化的迭代重建方法在有限角 CT 重建问题上取得了较好的改善效果。例如，各项异性全变差约束通过对不同方向的不同强度的全变差最小化，基于全变差正则化和交替方向法（alternating direction total variation minimization，ADTVM）迭代重建算法、对非均匀 FFT 结合全变差正则化的迭代重建以及基于 TV 正则化和子区域平均化修正的 SA-TVM 重建算法[45-47]。首都师范大学研究了基于 C-arm 有限角度采样 CT 图像的骨外科手术导航问题。

除了以上所述，还有一些数据不完备的情况，例如大螺距锥束扫描是有限角和稀疏采样问题的综合效应。在数据缺失不甚严重的情况下，可以通过共轭射线、最近邻射线等方式进行补偿。对数据缺失严重的情况，基于稀疏化约束的迭代优化重建方法是目前处理这样的问题的主要方法之一。清华大学对此类问题进行了细致的研究，包括有限角的分布的影响、有限角数据的补偿和伪影消除、有限角数据的压缩感知方法重建等等[48-51]。目前，目标图像的先验条件和迭代优化算法设计是不完备数据重建问题的重点研究内容。

3. 基于目标优化的 CT 成像方法

基于目标优化的迭代重建算法，在数据有噪声、数据不完备等情况下，减少重建图像伪影和噪声方面具有重要作用。计算量大是制约此类方法实际应用的一个主要因素。随着计算机处理能力的快速发展，近年来基于目标优化的迭代重建方法受到广泛关注。目标优化问题的研究主要包含三个方面：成像过程建模、数据噪声建模、先验信息或者约束条件设计、优化问题求解。美国密歇根大学的 Fessler、普渡大学的 Bouman、亚利桑那大学的 Barrett 等自 20 世纪 90 年代至今提出了一系列的贝叶斯重建理论和方法，主要针对高斯噪声、泊松噪声和混合泊松模型，但多数着重于 SPECT 和 PET 的研究。近年来，对低剂量 X 射线 CT 的追求，使得重建图像的噪声问题变得突出。根据 CT 系统的信号探测特点，CT 数据的噪声主要符合非均匀高斯分布，其均值和方差符合一定的关系，可据此设计贝叶斯理论框架下的重建方法，例如以 ML、PWLS 为优化目标的方法。先验模型、惩罚项、约束条件项（统称为先验条件）的引入有助于降低目标函数的病态性，进而改善重建图像的质量。优化问题归结为：数据保真项 + 先验条件项。数据保真项包含数据的物理模型和噪声模型，先验条件有局部平滑（全变差最小）、吉布斯模型、Huber 函数模型以及图像的稀疏性约束（如字典学习）等。优化问题通常通过迭代算法求解，因此迭代算法的设计是快速、可靠地重建目标图像的关键。目前常用求解方式有最速下降法、共轭梯度法、OSEM 算法、ART 类算法。新的求解以及加速方法是人们关注的问题。

北京大学研究了 Hilbert 空间中 Landweber 格式的收敛性，建立了基于凸约束的非线性 Landweber 格式的收敛性，并提出了分块 SART 算法并建立了该算法的收敛性[52]。北京交通大学和北京大学进一步给出了迭代重建算法收敛的充分必要条件[53]。中北大学提出了基于岭回归算法的变权系数 OSEM 重建算法、低剂量 X-CT Landweber 重建算法、自适应子集 OSEM 重建算法，可以降低图像重建的不适定性，改善重建图像质量[54, 55]。西安交通大学研究了基于字典学习和稀疏表示约束的低剂量 CT 重建问题[111]。清华大学、中国科学院深圳先进技术研究院、解放军信息工程大学都对 ART-TV 算法进行了研究[56]。

迭代算法加速是使其能够实际应用的重要条件。2003 年纽约州立大学石溪分校的 Muller 研究了利用 GPU 进行 CT 重建的加速[57]。在国内，首都师范大学研究了锥束 CT 迭代重建算法的 GPU 快速实现方法，提出了基于 GPU 的分块快速正投影和反投影方法[58]；以及提出了由平行扇束投影重建三维 CT 图像的 GPU 实现方法[42, 59]。清华大学研究了包括 ATI、NVidia 不同 GPU 架构下的加速算法，对 CT 重建的关键大计算量步骤投影和反投影以及三维可视化的 GPGPU 加速技巧进行了挖掘[10, 60]。重庆大学针对 LCT 迭代重建耗时长的问题，设计了基于梯形数据分解和 MPI 子集规约的并行加速策略[61]。

4. 多能或多能谱 CT 成像

X 光双能或多能 CT 成像利用物质对不同能量 X 光的衰减效应不同的物理性质，采集两套或多套不同能量（谱）下的 CT 数据，通过特殊的重建方法，以获取比传统单一能量得到的 CT 图像更丰富的物质分布信息。双能 CT（准确地说是两个具有一定区分度的能谱）或多能 CT 可以近似重建任意单能下的衰减系数图像，或电子密度和等效原子序数分布图像对等。一方面，双能 / 多能 CT 对于区分密度相似而原子序数有差异的物质具有特殊优势；另一方面，双能 / 多能 CT 可以很好地解决由传统 CT 的多色谱造成的同种材料不同图像和不同材料同样 CT 值的问题[62]。由于双能 / 多能 CT 数据给出一系列单一能量衰减系数图像（无硬化伪影），这样的系统也被称之为能谱 CT。在医学领域，北京友谊医院、上海交通大学医学院附属瑞金医院等，在引进的国外设备上进行了一系列临床应用研究[63、64]。X 光多能 CT 由于成像质量好，能够增强细微组织的对比度，剂量利用率高，被认为在许多临床诊断中具有广阔的应用前景，例如乳腺成像，心血管成像，肺部肿瘤，胆囊病变等。X 光多能谱 CT 成像在公共安全检查领域的应用潜力正在被各大公司挖掘。

（1）双能 / 多能 CT 数据获取方式

从数据获取方式来说，双能 CT 主要有四种方式：①通过双层（主要线阵）探测器方式获取等效高、低能两套数据，这是目前国内制造的双能工业 CT 设备所用的主要方式[65]；②通过光源的快速电压切换来获取高、低能谱下的两套数据，这是 GE 公司双能 CT 的核心技术[67]；③通过两组光源 / 探测器来采集高、低能数据，该方法成本相对高，但能量的调节简单并可达到较大能量差异，这是西门子公司等采用的方式[66]；④通过光子计数探测器获得两个能窗下的 CT 数据[68]。已有的成熟商业双能 CT 成像系统主要采用前三种数据获取方式。基于光子计数探测器的分光 CT（spectroscopic CT）或能量选择 CT（energy-selective CT），主要通过像素化的高计数率光子计数探测器获得多个能量通道（或能窗）的 CT 数据。光子计数探测器具有能谱分辨能力，它通过设置阈值对不同能量的光子分别进行计数，从而可以把 X 光分成数个能量窗分别采集数据，所采集的信息为落在某个能量窗范围的光子数目，区别于传统的 X 光探测器的能量沉积方式。目前研究最多的光子计数探测器主要采用硅（Si）、碲锌镉（CZT）、碲化镉（CdT）等材料。

（2）双能和多能 CT 的物理建模和数据校正

对能谱的估计是影响双能 / 能谱 CT 的成像效果的一个重要因素。能谱估计方法主要分为两类，一类使用某种标准材料制成的楔体或 CT 模体，通过楔体或模体的透视数据估计系统的能谱；另一类是通过蒙特卡洛模拟方法估计系统能谱。清华大学、首都师范大学、西安交通大学等都研究了系统能谱估计问题[41, 121]。西安交通大学提出了一种基于 X 线球管谱模型的能谱估计方法，在较少的测量数据情况下能够获得较好的重建结果[115]。此外，在获得能谱数据的基础上，多项式逼近的方法以避免在多色能谱情况下进行物质分辨所需的复杂积分运算，另外建立查找表也可以提高能谱信息分解过程的计算速度。由于双能分解的近似性和非线性会引起双能重建图像的误差，通过非线性误差传递可以对误差进行估计，据此反馈到重建过程提高双能重建质量[69]。

用于多能谱成像的光子计数探测器可以有效地降低 / 去除晶体吸收 X 光能量过程的噪声和电子学，但光子计数探测器存在串扰、死时间、像素的计数不均匀性等问题，而且目前可以达到的计数率在 –106，依然远低于一般 X 光 CT 成像所需的光子数水平。此外，探测器的能谱响应和光源的能谱分布也需要在成像之前测定。光子计数探测器的硬件还有待进一步发展，对基于光子计数探测器的 CT 建模和重建算法也是多能 CT 研究的一个重要方面。

（3）双能和多能 CT 重建算法

双能 CT 的重建主要有三类方法：先由高、低能投影数据计算得到双能分解系数投影，再重建基图像（投影预分解方法）；先对高、低能数据分别重建图像，再由此合成基图像（图像域分解方法）；双能迭代重建方法。图像域分解方法在基图像中容易引入衰减系数图像中的伪影。双能 CT 的基分解方式主要有基材料分解和双效应分解。在医学双能 CT 中常用基材料分解；非医学双能 CT 中常用双效应分解，低能情况下采用光电效应和康普顿效应，在高能（MeV）情况下双效应采用康普顿效应和电子对效应。将基材料和双效应分解模型引入双能 CT 安检领域，可以从基图像求解等效原子序数图像和电子密度图像，从而改善对物质的区分能力。双能重建的三类方法中投影预分解方法和直接迭代方法需要预先估计能谱分布；图像域分解方法或基于图像的迭代方法可直接利用高低能数据重建基图像。

多能 CT 的信息重建有多种方式。首先，光子能量权重成像，即对不同能区的探测器信号赋予不同的权重的方法，可以优化重建图像的信噪比。其次，可以把双能 CT 的重建方法推广到多能 CT。但多能窗数据的使用容许我们采用三基材料分解（例如用脂肪、软组织和碘拟合人体组织和对比剂）或更多的分解方式，提高物质区分的准确性。在使用图像域分解方法时，由于多能谱 CT 的能量窗相对较窄，能谱造成的非线性问题相对减弱。最后，光子计数器带来的能窗选择便利使我们可以基于 K 边缘进行成像，比如利用物质的衰减特性在 K 边缘的突变，选择该 K 边缘所在能量位置作为一能窗的边缘，通过做减影获得该物质的清晰图像；也可以把对应 K 边缘的物质（在医学中通常为造影剂）的线衰减系数作为分解基，与双效应函数共同构成系统目标函数，优化重建不同物质的分布。由于多能 CT 的光子数较普通 CT 低，数据的统计特性更加显著。在理想计数模式下，多能 CT 的数据符合泊松分布，基于统计优化的迭代重建方法也是目前的一个重要研究内容。

国内清华大学、重庆大学、大连理工、西安交大、首都师范大学等对双能 CT 技术进行了不同程度的研究，研究成果包括双能分解、数据校正、特征信息提取、智能识别方法等双能 CT 系统优化算法和面向应用的双能 CT 图像处理方法[70-72]。如何降低双能 / 多能 CT 所需的数据量，是一个重要的研究问题。清华大学针对双能 CT 稀疏采样图像重建问题，提出了基于压缩感知和字典学习的重建方法，其中利用一个能量下 CT 数据的完备信息作为先验，大幅降低了另一个能量下的数据采样率，取得了一定的成果[73, 74]。在这些工作基础上，清华大学研究了能谱 CT 成像中的多能窗投影分解问题和相关重建算法。此外，中北大学研究了变剂量 X 射线多能谱 CT 重建，但不进行能谱信息提取，通过对递变电压投影序列进行负对数变换压缩射线图像灰度范围，以抑制噪声和凸显投影细节信息。Wang 与西安交通大学合作进行了 ROI 彩色图像重建算法研究[112]。

（4）多能 CT 的系统研究进展

国际上，GE、西门子等都先后推出了医用双能谱螺旋 CT 系统，显著提高了一类疾病的临床诊断能力。一些研究小组开展了基于光子计数探测器的多能 CT 实验系统研究。例如，法国的 Delpierre 等搭建了小动物能谱成像实验平台；美国的 Shikhaliev 等于 2009 年搭建了乳腺彩色成像实验样机；John Hopkins 大学和 Gamma Medica 合作也搭建了多能 CT 实验系统；NOVA R&D 公司与 eV 公司合作研制了用于行李检查的 CZT 光子计数探测器检测设备。但是，目前多能 CT 主要是实验系统或者原型机，新西兰的 Mars Bioimaging Ltd 公司推出了研究用 MARS Micro-CT 商业系统，飞利浦公司研制了基于光子计数探测器的单排能谱 CT 样机，通用电气（GE）医疗集团在其 LightSpeed VCT 产品将探测器模块替换成 DxRay 公司研发的 CdTe 探测器，采集两个能窗下的光子计数能谱数据，重建能谱 CT 图像，西门子也研发了使用具有 2 个能量阈值的小视野 CZT 探测器的光子计数诊断 CT 样机。国内清华大学、首都师范大学等单位已搭建了基于普通 X 光机和能量积分探测器的多能谱 CT 实验系统，开展了双能谱重建方法研究[72]。在基于光子计数探测器的多能 CT 研究方面国内已开展了初步研究，清华大学已于近期搭建了一套基于光子计数探测器的能谱 CT 实验系统。

5. 相位 CT 成像

在医学成像 X 射线波段，样品对 X 射线主要有吸收、非相干散射、相干散射三种作用。为简明起见，在此把非相干散射归入吸收，于是样品对X射线可归结为吸收和相干散射两种作用。吸收引起光波振幅衰减，导致光强降低，可以直接被探测器探测到。相干散射不改变光波振幅，而改变光波的相位，即光的波面结构。探测器不能直接探测到相位改变，必须利用一定方法把相位改变转换成光强信号，才能使探测器探测到相位改变。相位改变有三种：相位差，又称为相移，对应波面的超前和延迟；相位一阶导数，对应波面的斜率，与折射角成正比；相位二阶导数，对应波面的曲率，描述光波局部区域的会聚和发散。数学上已经证明，三种相位信号都可以表示成X射线的路径积分，因而都能利用傅立叶中心切片定理进行CT成像。因为光波相位改变在某些情况下要比光波振幅改变幅度大，所以相位CT有可能比传统吸收CT具有更高的探测灵敏度。目前有四种提取相位投影数据的途径：利用晶体干涉仪提取相位差的干涉成像方法、利用分光晶体和分析晶体提取相位一阶导数的衍射增强成像方法、利用分束光栅和分析光栅提取相位一阶导数的光栅剪切成像方法和利用自由传播提取相位二阶导数的同轴相衬成像方法（相位传播成像）。其中，光栅剪切成像能利用普通X射线光源，有望为发展新一代医学诊断成像设备提供新原理、新方法和新技术。

光栅剪切成像可以探测三种样品信息，它是一种提取样品相位一阶导数的X射线微分相衬成像。因为相位一阶导数和折射角成正比，所以相位一阶导数和折射角等价。光栅剪切成像可以探测到样品对X射线的吸收和折射。若样品中存在众多小于探测单元的小颗粒，如毛发、骨头和肺脏中的多泡结构等，则众多小颗粒的多重折射还会产生散射。小颗粒折射引起的散射是人们发现的又一种重要的成像信号，在一定条件下，这种散射也能表示为X射线的路径积分，成为相位CT研究的新内容。因此，光栅剪切成像可以对样品的吸收、折射和散射进行成像，三种信息从不同角度反映了样品内部结构，且可以互为补充，具有非常好的应用前景。

（1）基于光栅的相位CT成像系统结构

使用光栅的通用X光机相衬成像系统与X光吸收CT系统一样，首先包括：X射线管、探测器、精密机械运动装置、自动控制和数据/图像处理系统，此外还包括三个光栅：源光栅、相位光栅和分析吸收光栅，依次放置于光源和探测器之间的位置，被成像样品置于源光栅和相位光栅之间。最新的研究也可以把光路反向，即交换光源和探测器的位置。2011年4月，中国科技大学国家同步辐射实验室与中科院高能所的科技人员利用菲涅尔衍射理论，设计了四重对称且等周期的二维相位光栅，研究了在部分相干照明下二维相衬光栅的自成像[75]；法国航天实验室J Rizzi等人设计了棋盘状相位光栅，利用宽谱X射线产生干涉图，在Soleil同步加速器上测试了硬X射线的四向对称横向剪切干涉相衬成像[76]。

（2）相位转变为光强信号的方法

光栅剪切成像的基本原理是先利用光栅在像面上产生周期小于探测器探测单元的条纹，再利用探测器探测样品引起的条纹变化。使普通X射线光源产生条纹的方法可以用两种方法，一种利用干涉条纹，另一种利用几何投影条纹。利用普通X射线光源产生干涉条纹的原理源于1836年Talbot利用点光源和1948年Lau利用扩展光源发现的光栅自成像效应。在光栅自成像效应中，最主要的物理过程是相邻两缝之间的双缝干涉。光栅几何投影产生条纹的过程是直接应用几何光学的结果。物体在X射线光源、光源光栅和分束光栅组合的系统中产生信号的过程如下：无样品时，条纹具有相同的本底，幅度和相位严格按照周期排列，不含样品信息，把样品放入后，样品吸收、折射和散射在条纹上引起变化。在这个现象中，条纹就像空间载波，样品对条纹的作用就像样品信号调制空间载波。样品的三种信号对空间载波存在三种调制方式：①样品吸收引起载波条纹本底强度下降，产生调制本底的空间载波；②样品折射引起载波条纹的相位移动，产生调制相位的空间载波；③样品散射引起载波条纹的幅度下降，产生调制幅度（即调制对比度）的空间载波。

在光栅干涉条纹方法中，光源光栅和分析光栅为吸收光栅，分束光栅为相位光栅；光栅周期为2 ~ 8μm的光栅，分析光栅和分束光栅之间距离为20 ~ 50cm。在光栅投影条纹方法中，光源光栅、分束光栅和分析光栅均为吸收光栅；光栅周期为10 ~ 100μm的光栅，分析光栅和分束光栅间距为100 ~ 300cm。可见，光栅干涉条纹法相比光栅投影条纹方法，其光栅周期小，分析光栅和分束光栅间距小，设备所需空间小。此外光栅干涉条纹法的分束光栅为相位光栅，光利用率是光栅投影条纹方法的两倍。但另一方面，它的光栅周期小，不易制作大厚度光栅；光栅厚度小，吸收光栅不易满足对硬X射线的吸收要求。

（3）相位CT投影数据采集方法

因为载波条纹周期小于探测器探测单元，所以不能直接用探测器提取载波条纹中携带的样品信息，必须使用分析光栅。至今已经发展出多种利用分析光栅提取样品信息的方法。相位步进（或者光栅扫描）测量法是最典型的一种方法：沿垂直于光栅刻线的方向移动分束光栅、分析光栅和源光栅中的任意一块，在一个光栅周期内做步进运动，在每一次步进过程中采集一幅图像，这样探测器每个探测单元都能得到一条随着步进数变化的光强曲线（位移曲线）。根据样品放置前后位移曲线发生的变化，可以求得样品的吸收像、折射像和散射像。这种方法至少需要扫描三步，探测器拍摄三幅像。为了获得比较精确的样品信息，一般常用八步扫描，探测器拍摄八幅像。

样品信息的提取需要的图像帧数越多，意味着成像时间越长，剂量越高，机械控制的复杂度提高，等等。所以，研究人员又提出了基于一幅图、两幅图、三幅图等的信息提取方法。例如，Takeda等提出的傅里叶分析法是基于单幅图进行。该方法采用空间相位解调的方法求解位移曲线的参数，但在采集单幅图时需要通过倾斜相位光栅和分析光栅形成一定角度在探测器上形成一定周期的莫尔条纹，也就是引入一定频率的空间载波[77]。中国科学院高能物理所提出了一种可采用传统吸收CT的投影数据采集方法的正反像投影数据采集法，它忽略散射效应的影响，只提取衰减和折射两种信息，具有剂量低和采集速度快的优势[78]。基于三幅或更多幅图像的信息提取多通过曲线拟合样品位移曲线与背景位移曲线完成，有正弦函数拟合和多项式曲线拟合等。此外，中国科学院高能物理所提出了一种把分析光栅相对于载波条纹分别固定在三个不同的相对位置上的图像采集和信息提取方法，探测器至多拍摄三幅像就能从中获得样品的吸收像、折射像和散射像，该方法被称为光栅定位方法。光栅定位方法通过分析光栅相对于载波条纹的三个精确定位获取样品信息，因而其对光栅整体周期均匀性要求较高，这个方法通过一个定位一次曝光就能获取样品半定量的投影像，通过三个定位三次曝光获取样品定量的投影像，其最大优势在于容易采用传统吸收 CT 的投影数据采集方法[110]。

（4）相位 CT 中的重建问题

在光栅剪切成像中可采集三种投影数据，分别是吸收投影数据、折射角投影数据和散射角方差投影数据。因为散射角方差投影数据的重建算法和传统 CT 重建算法相同，所以下面主要讨论折射角投影数据的重建算法。折射角投影数据与线性衰减类型的投影数据有所不同，它是折射率导数的路径积分，与相位导数等价，积分值可以有正负，不能直接用传统的用于线性衰减投影数据的重建算法。在重建折射率导数时，需要考虑克服折射率导数随投影角度旋转而变的问题，在重建折射率时，需要根据折射率导数傅里叶变换和折射率傅里叶变换的关系，采用希尔伯特滤波的重建算法。

在光栅剪切成像提出之前，在衍射增强成像中已经开始研究折射角投影数据的重建算法，重建的过程是获得物体的折射率和折射率导数的过程。2000 年，美国布鲁克海文国家实验室的研究小组，直接把传统吸收 CT 的重建算法应用于利用垂直折射角（平行于样品转轴的折射角）重建折射率导数（无数学证明）[79]。2005 年，中国科学院高能物理研究所的研究小组提出利用水平折射角（垂直于样品转轴的折射角）重建折射率导数的算法[80]。最近，中国科学院高能物理研究所的研究小组从数学上证明了利用垂直折射角重建折射率导数的算法，并提出利用垂直折射角重建折射率的算法，但还未在实际使用中获得成功[109]。清华大学建立了一套基于光栅投影条纹的光栅剪切成像实验平台，深入开展了常规 X 光源光栅成像技术的建模方法、系统性能与优化设计等方法和技术研究，提出了利用水平折射角重建折射率的解析和迭代算法，并就光栅剪切成像系统中的散射信息推导出了散射角方差与位移曲线对比度之间的定量关系，从而可以把传统吸收 CT 的重建算法应用于利用散射角方差投影数据重建样品的线性散射系数[81–83]。深圳大学在自主研制建成无吸收光栅的 X 射线光栅微分干涉相衬成像系统的基础上提出了两步任意相移法恢复 X 射线微分相衬图像的方法，有利于降低对系统调试和稳定性要求以及减少人体接受的辐射剂量。该系统与瑞士和日本两家的实验系统相比，省去了源吸收光栅和分析吸收光栅，成像系统的结构更加紧凑，机械稳定性更好。此外，大连理工大学的研究小组提出了基于光栅剪切成像的扇束螺旋 CT 重建算法，上海光源、上海交通大学等均在相位 CT 的应用方面作了一定研究[84–86]。

6. 显微 CT 成像方法

显微 CT 已成为观察微观世界三维结构的重要工具之一，是目前 CT 领域应用发展的一个重要方向。传统 X 射线吸收 CT 的空间分辨率从毫米量级或者微米量级推进到纳米量级，使人们在几十微米的空间范围，以几十纳米的空间分辨观察微观世界的三维结构。

纳米 CT 的发展遵循着两条途径，一条是沿着传统 X 射线 CT 的发展思路，缩小光源尺寸、利用几何投影放大，获得纳米量极的空间分辨率；另一条是利用 X 射线显微镜将纳米尺寸放大，获得纳米量级的空间分辨率。然而，缩小光源意味着光通量的减少，曝光时间的延长，这条途径的尽头在于光源直径和光通量之间的平衡。目前利用几何投影放大成像，纳米 CT 达到了约 100nm 空间分辨率。X 射线显微镜是光学显微镜原理在 X 射线波段的推广，两者之间的差异在于物镜。光学显微镜的物镜是玻璃透镜，而在 X 射线波段，不存在能聚焦 X 射线的玻璃透镜，仅有能聚焦 X 射线的波带片。换言之，波带片就是一种 X 射线透镜，是一种轴对称的圆形光栅，利用光栅衍射聚焦 X 射线，所以要求使用单色 X 射线。波带片仅仅在聚焦原理上与玻璃透镜不同，其外在功能和玻璃透镜无异，因而波带片成为 X 射线显微镜乃至纳米 CT 中的核心元件。

目前，基于 X 射线显微镜的纳米 CT 已经达到 30nm 的空间分辨率，并已经实现商品化，生产纳米 CT 产品的是美国 Xradia 公司。美国的 ALS 同步辐射光源利用“水窗”软 X 射线纳米 CT，对直径 5μm 的酵母细胞进行 CT 成像，分辨率达到了 60nm，可以清楚地观察到细胞核、细胞质、类脂滴和液泡。Xradia，SkyScan 是目前研发显微 CT 和纳米 CT 的主要厂商。

基于 X 射线显微镜的纳米 CT，其核心元件是波带片，目前只有少数发达国家能生产高分辨波带片。研制波带片的水平在于栅条宽度和高宽比，栅条越窄，高宽比越大，研制波带片的水平越高。一般而言，波带片能研制出多么窄的栅条，那么在显微镜成像中，就能提取出和栅条一样窄的空间信息。美国 Xradia 公司生产的空间分辨率达到 30nm 的波带片，在一般情况下，只能在购买整机时，随机购买，或者在更换波带片时购买。虽然在国际市场上，日本、德国公司能提供波带片商品，但是其性能指标达不到美国 Xradia 公司的水平。中国科学技术大学国家同步辐射实验室目前研制出分辨率达到 80nm 的波带片，而中国台湾中央研究院胡宇光研究组已经研制出达到美国 Xradia 公司水平的波带片。要在中国大陆实现纳米 CT 国产化，必须要解决波带片的来源问题。

除了波带片，纳米 CT 中的关键元件还有样品前的椭球毛细管聚焦镜、精密机械、探测器等。北京师范大学一直在研制聚焦 X 射线的毛细管，虽然研制椭球毛细管的技术还达不到国际水平，但是在研制锥形毛细管方面具有长久的积累。根据显微镜光学，椭球毛细管为样品提供聚焦照明（临界照明），而锥形毛细管可为样品提供近似平行光照明（科勒照明）。两种照明均能实现显微镜成像。

显微 CT 探测器计数率很低，通常显微 CT 成像属于低剂量成像，其中扫描数据预处理方法、图像重建算法等也起着重要的作用。首都师范大学系统研究了去噪和缺失数据修复等预处理方法、显微 CT 扫描几何参数估计方法、低剂量 CT 重建算法和超视野图像重建算法，有效地改善了显微 CT 的图像质量[87]。东营三英精密工程研究中心与首都师范大学、天津大学等 CT 团队正在联合从事微纳米 CT 的国产化研发。

7. 特征直接重建问题

中北大学提出了一种三维特征重建算法，通过对投影图像进行特征提取，然后对其所提取特征直接进行重建。中北大学结合小波变换在 Radon 变换前后的特性，对小波应用于三维 CT 重建算法进行了理论与实现的研究工作，利用二维小波的边缘检测方法实现结构特征提取，并将其所提取的特征应用于三维重建中，得到所感兴趣的重建结果，并从通用性角度与多特征重建出发，将经验模态分解引入三维特征 CT 重建算法，从而能够有效地重建出原始图像包括边缘、高频增强、低频增强的多种特征信息图像[90]。北京交通大学通过研究 Radon 变换的奇性和奇性反演，分析投影数据与图像函数的奇性传播规律和奇性重建，以及用再生核方法，建立了 n 维空间 k（$0<k<n$）平面 Radon 变换的小波变换（即脊波变换）反演公式，从而得到 k 平面 Radon 变换的一种新的 FBP 重建方法。此理论也可以应用于内问题重建[88, 89]。

8. 非 X 射线 CT 成像

广义讲，除了 X 射线 CT 成像，CT 成像还包含 PET（正电子发射 CT）、SPECT（单光子发射 CT）、MRI、地震波 CT、电阻 / 电容 CT 等多重成像模态。鉴于本学会会员的研究情况，在此仅简要介绍国内电学 CT 研究进展。

天津大学在敏感场建模优化，最优电极阵列设计，敏感场正问题求解，逆问题求解以及多模态信息融合处理及图像处理方面进行了深入研究，主要应用于多相流检测，包括气液、气固以及气液固多相流检测；流化床监测各相介质浓度及粒度分布；人体组织疾病监护，地质勘探、无损监测等。在电容 CT/ 电阻 CT 双模态成像技术对油 / 气 / 水三相流测量及流型识别、电学成像传感器的自标定及快速图像重建、构建了非接触式传感器、二端口测量方式的数学模型及图像重建、模拟动态油 / 气两相流型图像和平均空隙率的在线观测等等取得了多项研究成果[91]。

北京航空航天大学从电学层析成像图像重建问题的本质出发，充分利用电学成像“软场”特性，提出了一系列直接图像重建算法，在明确图像物理意义的同时大大简化了图像重建过程。与传统基于灵敏度矩阵的图像重建方法相比，此类直接重建方法无需求解正问题（灵敏度矩阵），可根据边界测量数据直接独立地计算出敏感场内任意点的介电常数分布或电导率分布，且具有无需迭代计算、成像精度高等优点。此外，该团队还提出了一种利用单环电极阵列对敏感场内电导率分布进行三维图像重建的直接算法，拓展了电学成像的研究领域和应用前景[92, 93]。

（二）CT 若干关键技术

1. 几何伪影校正

CT 图像重建建立在精确已知成像过程中 X 光源、探测器和扫描运动的几何关系。CT 系统的几何参数误差会影响 CT 的成像效果，表现在形成所谓几何伪影而降低图像空间分辨率。在实际系统中，一方面通过机械设计和加工保证各个模块自身精度，另一方面需要通过测量来获得模块间的几何位置关系。由于机械误差的存在和测量方式的局限性，实际中需要通过特殊模体即校准模板的投影数据，间接恢复几何关系参数。在获得校准模板的投影数据的基础上，使用特征参数估计、拟合和迭代等方法求解包括光源的位置、探测器位置、探测器倾斜角、探测器旋转角、旋转中心等几何参数。并在测定几何参数的基础上，设计带参数的重建算法。

北京航空航天大学、大连理工大学、首都师范大学、清华大学、中北大学、北京大学、中国科学院深圳先进技术研究院等多个研究单位开展了有关研究。针对实际锥束CT扫描系统图像重建几何参数难以直接精确测量的问题，提出了利用非线性最小二乘估计法、双圆最小二乘拟合法、图像互相关法、投影对称法等测量和估计三维重建几何参数，从而满足高分辨率CT成像对重建几何参数的精度要求，并形成了带参数的图像重建方法[94, 95, 97, 98]。首都师范大学提出了利用点状和丝状金属模体的投影数据，恢复扇束和锥束全部扫描几何参数的解析公式，构建了CT系统扫描几何参数测量软件模块[99]。清华大学提出了基于视觉定位的非确定轨迹CT系统设计，使用可见光成像对CT扫描过程进行实时定标[100]。

2. 非理想器件效应

CT系统的实际成像效果还受到以下多个关键物理因素的影响，它们也是CT伪影产生的几个主要来源，对这些伪影的处理方式是CT获得优质图像的关键技术。

射线硬化：传统X光CT使用多色谱光源，由于物质对X光的衰减随X光能量的升高而逐渐下降，从而多色X射线在穿过物体过程中，能量较低的射线分量逐渐减少，射线的平均能量逐渐升高，这就是所谓的射线硬化效应。射线硬化效应会导致重建图像出现杯状伪影。

散射：CT的理想模型以X光直线传播为基础，X光与物质作用发生的散射在路径上发生方向性的变化，从而这部分被探测器收集的信号不再满足直线模型。散射导致CT成像的分辨率下降，并在全局图像范围产生低频伪影。

金属伪影：被扫描区域的物质构成中如果存在高衰减系数材料，穿过此区域的X光被大量吸收，探测器无法探测到足够的光子提供足够的信息，在重建图像上经常显示为射线状或带状伪影。因为金属为代表性高衰减系数材料，所以此类伪影被称之为“金属伪影”。

探测器不一致性：理想CT的数据建立在阵列探测器的每一个探测器单元对光子的响应呈一致线性的基础上。探测器单元之间响应的差异，使得它们不能一致地反映射线路径上的衰减信息。探测器不一致性在三代CT会导致环状伪影。

国内有多个单位对这些关键技术进行了研究，但鉴于技术保密原因，相关结果发表较少。发表的方法有：利用基于重投影的多项式拟合方法进行射束硬化校正；根据图像的曲率连续性进行金属伪影校正；基于图像分割的双能金属伪影校正方法和基于投影分裂的双能金属容器校正方法；基于三维投影定位金属区域并校正的方法；单个独立探元或少数几个相邻探元存在突出响应不一致情况下的基于特征识别的校正方法和多个连续探元存在微小响应不一致的情况下基于B样条曲线拟合的校正方法；利用探测器单元的综合响应平滑性对异常探测器的校正方法等等。清华大学提出的基于三视图的金属投影快速定位及校正方法被 PMB 期刊评为“特色论文”[101]。

西安交通大学提出利用 CT 投影数据相关性作为约束条件来解决投影数据校正问题，将 CT 投影数据的全局积分约束条件（零阶 Helgasson Ludwig Consistency）和射束硬化物理模型相结合，提出了一种自适应射束硬化校正方法[116]；基于锥束 CT 投影数据的微分约束条件 John 方程，获得了一种不同投影角度间数据的相关性表达公式，发现锥束投影数据中，缺失数据的高频信息主要来自相邻角度投影数据，据此提出了一种基于 Beam Stop Array 的锥束 CT 散射校正中缺失数据的插值方法，改善了散射校正效果[118]；在金属伪影校正方面，提出在基于 Forward Projection 校正方法中采用粗粒度的先验图像，提出了一种基于 TV 的快速先验图像计算方法，获得了良好的金属伪影校正效果[119]。

3. 模体设计、制作以及成像质量评估和计量

标准模体是评估 CT 图像质量和系统性能的一个重要工具，中国计量科学研究院电离辐射计量科学研究所 1996 年开始与北京市放射卫生防护所联合研制医用 CT 性能评价模体，该模体于 2000 年北京国际大会获亚洲 CT 科技新进展奖。2003 年作为主导实验室进行了全国医用 CT 性能模体的比对，提出了建立 CT 模体检测标准的建议，结合行业特点起草了关于医用 X 射线 CT 模体校准规范，于 2011 年 4 月 1 日起实施。该规范对于国内开展医用 CT 性能检测的部门所使用的 CT 性能模体的质量控制起到一定的积极作用，使得医用 CT 机性能检测、评价更加科学、准确和可靠。该院目前正在开展医用光学与放射影像设备计量标准及溯源体系研究。

清华大学针对 CT 的任务目标（task-based）将 ROC（receiver operating characteristic）系列方法引入了 CT 成像领域，对 CT 系统的检测性能进行评估，并给出系统优化的建议。通过构建 ROC 模型和 LROC 模型对曲线拟合、面积计算的研究，建立了一套完整的实验评估方案，并从 CT 系统缺陷诊断效果评估和 CT 系统优化两个方面作了深入研究，分析 ROC 和 LROC 存在的问题和可能的改进方法。建立了三维 CT 图像噪声的理论估计方法，同时提出了基于 FDK 算法的三维 CT 系统性能评估的解析计算方法，大幅度降低 CT 系统性能评估的时间和人力成本，尤其是为系统性能的预测和优化设计提供了很大的方便[105, 106]。

在计量研究方面，北京航空航天大学在获得高对比度、高形状精度叶片 ICT 图像的基础上，采用矩匹配方法实现航空发动机涡轮叶片壁厚高精度测量[102]。重庆大学 ICT 研究中心基于工业 CT 的逆向设计，在基于工业 CT 图像的工件内部构件几何尺寸高精度自动测量技术、工业 CT 切片图像中边缘的高精度自动定位和检测技术、大矩阵 CT 图像的高精度重建技术等进行了大量研究，开发了具有测量功能的用于逆向设计的工业 CT 系统，以及由产品二维 CT 图像获得产品的三维 CAD 模型的软件系统[103, 104]。

在工业 CT 行业标准方面，国内重庆大学、中国兵器科学研究院宁波分院、重庆真测科技股份有限公司等单位做出了重要贡献，他们和一些重点应用单位合作，形成了一系列的无损检测标准，包括《无损检测 工业计算机层析成像（CT）指南》《无损检测 工业计算机层析成像（CT）图像测量方法》《无损检测 工业计算机层析成像（CT）系

统选型指南》《无损检测 工业计算机层析成像（CT）系统性能测试方法》《无损检测 工业计算机层析成像（CT）检测 通用要求》和《无损检测 火工装置工业计算机层析成像（CT）检测方法》。

目前国内尚无有关显微CT的行业标准，中国计量科学研究院正在与东营三英精密工程研究中心、天津大学、首都师范大学等合作开展显微CT有关标准研究。

4. X射线CT关键器件研发

射线源和探测器是X光CT系统的关键部件，其发展水平直接影响X光CT的成像质量。目前的射线源主要有三种：X光机、加速器和同位素源。加速器主要用于高能X光CT成像，应用于需要穿透厚物体大密度的无损检测领域。X光机的能量覆盖范围一般小于600keV，根据应用需求，目前的重点发展方向在微焦点、纳米焦点源以及基于碳纳米管的冷光源技术。

清华大学和同方威视多年来在加速器研制投入了大量的工作，最高能量可至16M，并且突破了加速器的快速稳定能量切换技术，研制了不同MeV以及MeV-keV之间能量切换的加速器，用于实际成像系统。其中，9MeV驻波电子直线加速器在2000年获得国家机械工业局科技进步奖一等奖；大型集装箱检测用9MeV行波加速器研制及其产业化于2001年获得中国高校科学技术奖一等奖；S波段驻波3/6MeV双能加速器研制于2010年获第十三届北京技术市场金桥奖二等奖；产生具有不同能量的X射线的设备、方法及材料识别系统获2012年中国发明专利金奖。丹东奥龙射线仪器集团有限公司专业生产多种能量的大焦点陶瓷X射线管。深圳大学研制了线发射体阵列X射线源。该射线源阳极采用了结构靶，可以产生具有一定的空间相干性的X射线。与目前瑞士和日本采用的光栅微分成像系统相比，用线发射体阵列源作为光栅微分干涉成像的X射线源，可以省去源吸收光栅，并且适合的能量范围更宽[107]。

在探测器研制方面，清华大学和同方威视联合研制了具有自主知识产权的线阵探测器和影像增强器用于高能工业CT成像。公安一所也研发了用于安检的探测器系统。东营三英精密工程研究中心、中国科学院高能物理研究所等单位，近年来分别研究了光耦合面阵探测器，用于显微CT等成像系统。总体而言，国内在平板探测器方面的研究还比较欠缺。光子计数探测器是目前探测器领域的一个重要研究方向。CERN牵头联合了20多个发达国家的研究机构，研制了Medipix系列光子计数探测器，最新的Medipix3的像素分辨率为55μm。目前光子计数探测器所使用的晶体材料主要为碲锌镉（CdZnTe）、碲化镉（CdTe）、硅（Si）等，饱和光子计数率可以达到106ph/s/pixel（109ph/s/mm^2）甚至更高。光子探测器已用于PET、SPECT成像等，但对于CT应用计数率还存在较大差距。光子计数探测器的研发得到国际上的普遍重视，目前国内同方威视、华中科技大学、中国科学院深圳先进技术研究院等少数单位在研发光子计数型探测器，并开展了一定应用。

X射线光栅是相衬成像系统的关键部件，深圳大学提出了用光助刻蚀技术制作大面积X射线光栅[108]，利用硅单晶在HF酸中的溶解必须有空穴参与的原理，通过光照产生空穴，并对空穴的输运进行控制，使其准确到达刻蚀点，实现定点刻蚀。利用这种方法能够实现的光栅的深宽比可以达到100以上，目前已经在5英寸的硅片上成功制作了有效直径105mm的硬X射线相位光栅。研制成功了具有分析光栅功能的X射线转换屏。在制作结构化X射线荧光转换屏的基础上，将吸收光栅的结构设计到转换屏上，这样制作出来的转换屏相当于一个X射线吸收光栅和转换屏的组合体，它既能将X射线图像转换成可见荧光图像，同时还具有吸收光栅的分析功能。这种转换屏在国际上首次提出，并研制出有效直径为105mm的转换屏样品[107]。

（三）CT设备研发及应用

目前CT设备的研发主要分为四个大类：工业无损检测CT、医学和生物成像CT、公共安检CT、显微CT。

在工业无损检测CT方面，清华大学及固鸿科技、重庆大学ICT研究中心、中北大学、首都师范大学、北京航空航天大学、中国航空工业集团公司北京航空材料研究院、国家X射线数字化成像仪器中心等，针对航天、航空、兵器、船舶以及有关科研院所的需求，研发了一系列工业CT设备，为国防工业无损检测和新品研制发挥了重要作用。清华大学工程物理系的“大型工业CT系统研制及产业化”于2007年获得高等学校科学技术进步奖一等奖，“铁路关键部件快速DR/CT系统产业化”获中国体视学学会首届科学技术奖一等奖。重庆大学等单位的“高精度高能大型工业CT系统研制及应用”项目获得2007年度国家科技进步奖二等奖。

在医学CT成像系统方面，沈阳东软医疗系统有限公司已开发了一些类型的医用CT设备，并占有了一定的市场份额；清华大学和朗视科技、合肥美亚光电技术股份有限公司等分别研制的三维口腔CT设备已投入市场；从事低剂量口腔CT设备研发的还有中国科学院深圳先进技术研究院、中国工程物理研究院应用电子学研究所、深圳安科高技术股份有限公司等；华润万东医疗装备股份有限公司、上海联影医疗科技有限公司等都在从事医学影像系统开发。在生物和材料成像方面，清华大学、中国科学院高能物理研究所、深圳先进技术研究院、深圳大学等分别构建了相位CT成像平台。

在安检CT方面，清华大学与同方威视技术股份有限公司首先在国内研制成功了双能液体安检系统，并推出了一系列的双能行李安检设备，其中“液体安全检查系统”获2008年度的信息产业重大技术发明奖和2009年度的高等学校技术发明奖一等奖；“一种用射线对液态物品进行安全检查的方法及设备”获第十一届中国专利奖金奖；“X射线液体安全检查系统”获中国国际工业博览会银奖。公安部第一研究所在双能量安全检查设备的研制上也取得了突出成果，在安全检查领域发挥了重要作用。

在显微CT方面，国内多个单位，包括中科院高能物理研究所、清华大学、首都师范大学、中国工程院应用电子学研究所、中国科学院深圳先进技术研究院等，针对不同应用需求，相继研制了实验设备和应用系统，用于验证关键技术以及开展动植物化石成像、电子元器件检测、小动物模型成像等应用研究。中国科学院高能物理研究所与美国 Xradia 公司合作，研制成一台可用同步辐射硬 X 射线光源的纳米 CT 装置，可对直径 10μm 的样品实现空间分辨率达到 30nm 的 CT 成像。基于该装置开展了若干重要应用研究，包括美国油页岩样品 CT 成像、隐翅虫交配过程 CT 成像、钴纳米磁性链的形成机制 CT 成像等，获得一些以往不能观察到的新结构和发现。东营三英精密工程研究中心与首都师范大学 2010 年起联合研制显微 CT，2012 年 1 月研制成功亚微米分辨率的显微 CT 样机。该样机基于显微镜成像原理，可对样品进行 4 倍、10 倍、20 倍放大比的三维显微 CT 成像和超视野 CT 成像，达到国际同类产品先进水平。目前已实现小批量生产销售，并开展了石油岩心分析成像、矿石分析成像、动植物化石、种子形态分析成像、电子元器件成像等应用。

三、国内外对比和重点研发方向

（一）国内外对比

近十年来，我国在 CT 基础理论和关键技术研究、器件研制和设备研发方面有了长足的发展。首先，在 CT 基础研究方面，我国与发达国家的差距在快速缩小，在 CT 数据预处理、图像重建、图像应用等方面与国际前沿基本同步。我国在医学 CT 设备研制方面取得较大进展，已开发出了 64 排螺旋 CT、口腔 CT 等设备，但与国际水平差距依然很大，少数跨国公司设备仍然垄断我国高端医疗市场。在非医学 CT 设备研制方面发展较快，我国已进入了国际先进行列。我国自主研发的工业 CT 设备部分满足了国防和民用无损检测急需，国内安检 CT 研制和商业产品在国际上已经具有较强的竞争力，并进入国际市场；我国显微 CT 研制也进入了国际先进行列，在生物、材料、石油、微电子等新领域的应用也在逐步展开。尽管国内在 CT 射线源、探测器等核心部件的研制方面有了较大进展，但是技术水平与发达国家还有显著差距，部分器件仍然依赖进口，成为国产 CT 研发的主要瓶颈。

（二）重点研发方向

根据国际 CT 领域发展趋势以及我国现有研发基础和未来行业发展需要，建议未来 5 年的发展重点如下，供有关管理部门和研究团队参考。

1. 重点基础问题

（1）提高 CT 图像区分物质能力的新机理和方法

提高 CT 图像区分物质的能力，在医学和非医学领域都有着广泛的应用需求。如增强医学临床诊断中肿瘤与正常组织的对比度；提高射线弱吸收生物组织的 CT 成像对比度；区分工业无损检测中金属和非金属等材料等。传统基于吸收的单能或单能谱 X 射线的 CT

成像，不同物质可能对应相近或相同的 CT 值，导致无法通过 CT 图像有效区分目标信息。利用物质对不同能量的光子的吸收特性，发展新型造影剂和靶向机理，或样品预处理方法，提高成像物 CT 图像的对比度，仍是值得关注的研究方向。新的研究方向：相位 CT 成像、多能或能谱 CT 成像（包括 Color CT），在改善 CT 图像对比度方面已取得了显著成果，具有广阔的应用潜力，有关基础理论、关键器件、系统构架等需要进一步深入研究。

（2）提高 CT 图像空间分辨率的新机理和方法

CT 图像的空间分辨率是 CT 成像的主要指标之一，空间分辨率受射线源焦点尺寸、探测器单元尺寸、被测物体尺寸、物像放大比、扫描机械精度以及重建算法等限制。一类是发展提高空间分辨率的直接方法，如直接缩小射线源焦点或探测器单元尺寸，通过物像放大比直接获取该分辨的投影数据。另一类是提高空间分辨率的间接方法，如已有的纳米 CT 成像方法——通过 X 射线聚光镜（聚焦 X 射线的毛细管）产生焦深细光束，穿过样品的焦深细光束，经过 X 射线透镜（波带片）在探测器上形成放大投影像。工业 CT 中通过栅状准直器，将大焦点 X 射线源分割成一系列小的扇束的方法，也是一种提高 CT 空间分辨率的间接方法。压缩感知（CS）理论也提供了新的思路，即基于 CS 设计探测器和数据采集方式，用 CS 技术重建高分辨 CT 图像。

（3）采样受限的 CT 成像方法

采样受限的 CT 成像问题包括：内区域 CT 成像问题，稀疏采样 CT 成像问题、有限角度采样 CT 问题等。这些问题在医学或非医学领域具有重要应用背景。如医学 CT 中针对感兴趣区域扫描归结为内区域 CT 成像问题，目的是降低对患者的射线剂量；C 型臂锥束 CT 采样步进采样方法，为降低扫描时间和放射剂量，通常仅能获得稀疏角度采样的 CT 数据；安检中 LCT 以及板状的电子元器件或芯片检测，归结为有限角度采样的 CT 成像问题。此类问题在经典意义上均属于不适定问题。利用目标图像的先验信息或性质织补缺失数据，或构建目标优化函数或约束条件，使问题适定化方法是目前热点研究方法。利用所采集的多模态数据中信息的互补性使问题适定化，也是研究方法之一。

（4）发展低剂量扫描下的 CT 重建方法

在医学上有效的低剂量扫描下的 CT 重建方法，意味着可以降低对患者的射线照射剂量，降低射线对敏感器官（如甲状腺、乳腺等）的致病风险。在工业上有效的低剂量扫描下的 CT 重建方法，意味着利用同样射线源，可以检测更大、更厚的工件，或更高检测效率。低剂量带来的问题是数据的低信噪比，甚至坏数据或数据缺失。除了预处理方法（CT 数据降噪方法）和后处理方法（图像去噪方法），基于目标优化的迭代类重建算法，将是具有发展前景的重要方法，包括基于图像学习迭代算法、样本块匹配迭代算法等。

（5）CT 扫描几何参数直接测量和间接估计方法

CT 扫描数据反映的物像关系，由一组 CT 扫描几何参数决定。扫描机械对准和运动误差引起的扫描几何参数误差，导致了 CT 图像的几何伪影。对于大型工业 CT 成像、C 型臂 CT 成像、纳米 CT 成像等而言，相应的 CT 机械无法满足 CT 成像所需精度要求，此时需要几何参数的直接测量和间接估计方法。已有的几何参数直接测量方法包括光学（光栅、红外）、电学（电容、电阻）、力学（陀螺）等多种方法。间接的估计方法是利用标记物或物体本身投影的结构特征，恢复几何参数。需要发展几何参数直接测量和间接估计新方法或提高已有方法的精度，以消除 CT 图像的几何伪影。在物像关系几何参数部分或完全未知情况下的自适应重建方法也是未来重要的研究内容。

（6）CT 设备性能评估方法和图像测量技术

目前我国急需科学权威的医学和工业 CT 设备的性能评估国家标准。为此，需要研究用于评估的标准化医学 CT 模体和工业 CT 模体，其中涉及模体结构设计、材料选用、加工工艺等。国内有关标准已大大滞后于设备发展，如已有国军标中的方法无法评估显微 CT 的空间分辨率和密度分辨率。此外，CT 在很大程度上还是一种物体内部结构的可视化工具，尚不能成为一种测量工具。原因一是三维 CT 还没有实现可溯源标定，二是 CT 图像（特别是三维图像）测量方法不完善。为此，需要针对不同分辨率，发展可溯源的长度标定模体、密度标定模体、物质识别模体等，同时发展标定和测量方法。

（7）数据处理和图像重建的加速方法

目前，计算机处理和存储能力有了大幅度提高，但对于三维高分辨 CT 成像而言，数据处理和图像重建速度仍然不足。特别是一些基于目标优化的迭代类算法，不能实际应用的主要障碍是计算速度问题。为此，一方面需要研究高效、并行的数据处理和图像重建算法，另一方面需要结合硬件特性发展算法的高性能实现方法，如多核多 GPU 实现方法、网络计算方法等。

2. 关键器件

（1）数据获取所需的射线源

①加速器射线源，用于超大或高吸收构件的 CT 成像；②高功率、窄谱、小焦点射线，用于常规高分辨 CT 成像；③高功率脉冲式 X 射线源，用于 C 型臂医学或工业 CT 设备；④高功率微焦点射线源，用于微米或纳米分辨率的显微 CT 成像；⑤新型射线源，如碳纳米管 X 射线源阵列，用于无机械转动的 CT 系统；可发射空间相干 X 射线的射线源，用于相位 CT 成像；⑥可产生数百电子伏能量光子的软 X 射线源，用于弱吸收的生物样品成像；⑦其他射线源，用于非射线 CT 成像。

（2）数据获取所需的探测器

①大面积高能非晶硅探测器，用于医学或工业锥束 CT 设备；②光耦合微米分辨探测器，用于显微 CT 成像；③光子计数型探测器，用能谱 CT 成像或彩色 CT 成像；④软 X 射线探测器，如可探测数百电子伏到数千电子伏的光子，用于弱吸收生物样品的显微CT成像。

（3）其他 CT 成像元器件

①空间位置定位器，如红外定位器、激光定位器、可见光定位器、电学定位器等，用于适时测量射线源、探测器、被测物体之间的空间位置关系；②射线源或探测器准直器，用于调制 CT 成像的射线束；③滤波片，用于调制 CT 成像的射线能谱；④大深宽比的吸收光栅、相位光栅，用于相位 CT 成像；⑤ X 射线光学元件（如毛细管聚焦镜、波带片

等），用于纳米 CT 成像系统。

（4）标准模体

①用于测量 CT 设备空间分辨率的模体；②用于测量 CT 设备区分物质能力的模体；③用于对 CT 系统进行可溯源标定的模体；④用于间接估计 X 射线能谱的模体；⑤用于估计扫描系统几何参数和物像几何参数的模体；⑥人体器官模体。

3. CT 设备研制

1）工业 CT 设备，包括超大构件的高能工业 CT 设备、多功能工业 CT 设备。

2）医学 CT 设备，包括医学多层螺旋 CT 设备、PET-CT 设备、PET-MIR 设备、多功能 C 型臂 CT 设备、头部 / 颌面 CT 设备、乳腺专用 CT 设备、肢体专用 CT 设备等。

3）行李 CT 设备，包括可识别液体的专用 CT 设备，用于行李爆炸物等违禁物品检查。

4）小动物显微 CT 设备，用于基础研究和药品疗效评估分析。

5）微纳米显微 CT 设备，用于岩心、种子、材料、生物样品、电子元件等亚微米和纳米精细结构 CT 成像。

6）电学 CT 设备，用于石油、化工、航天、发电等领域流体、火焰、煤粉等检测。

四、发展建议

为了加速我国 CT 技术发展，缩小与发达国家在 CT 技术上的差距，推进国产 CT 设备自主研发，满足医学、工业、安全等众多行业以及科学研究对 CT 技术广泛需求，提出如下发展建议。

（一）自力更生为主，国际合作为辅

CT 技术具有综合性强、技术难度大、经济价值高等特点，同时也是国防领域的重要支撑技术，因此必然受到发达国家的技术封锁和限制。历史经验表明通过国际合作很难形成自主研发技术能力，必须立足自力更生，打破封锁。通过国际学术交流，引进国外先进设备，逐步消化吸收先进技术，进而自主创新，开发具有国际竞争力的 CT 产品。政府应给予 CT 研发企业项目、贷款、税收、人才引进、器件进口等方面的政策优惠，鼓励国内用户购买国产 CT 设备。企业应注意挖掘国内外人才和技术资源，针对国内和国际市场需求选好 CT 设备研发的生长点和突破口，开发出具有国际竞争力的 CT 设备。

（二）创新合作机制，加强协同创新

CT 技术综合性强、技术难度大、经济价值高的特点，决定了 CT 技术研究和发展必

须联合各方技术和资源，按照市场经济的模式进行系统运作。目前，从事 CT 技术研究的高校、研究机构和企业已逾数十个，从事影像技术研究和应用的则超过数百个。但高校和研究机构科学研究与企业产品研发之间存在很大的脱节，科研成果向企业产品转化方面的机制不健全。为此，需要探索产学研用相结合的有效机制，建立科研成果知识产权的利益分配的新模式，充分发挥我国 CT 科技人力资源优势，促进 CT 基础研究、器件开发、设备研制以及用户之间的一条龙协同创新，通过国家科技项目或企业项目组织多单位对 CT 瓶颈技术进行联合攻关，提高我国医学和工业 CT 设备的自主研发水平和市场综合竞争能力。

（三）重视基础研究，加强原始创新

目前国产医学和工业 CT 设备，仿制研制多、自主创新少。因此，政府和企业应重视新原理、新方法的基础性研究，加强在 CT 成像机理和数据采集机理上的原始创新，以及知识产权保护。同时，重视 CT 器件研发所需的上游材料和基础元器件的研究，重视设备研发中的集成创新。此外，需要重视软件技术，发挥以软件技术补足硬件不足的作用，发挥软件在 CT 设备智能应用中的推展作用。

（四）发挥学会作用，促进产学研用结合

鉴于 CT 学科的交叉性以及应用的广泛性，国内 CT 研究与应用工作者分属多个学术团体。近年来，中国体视学学会 CT 理论与应用分会，在中国科协领导下，在学会挂靠单位清华大学和分会挂靠单位中国计量科学研究院的大力支持下，在促进 CT 学术交流、产学研用结合方面发挥了积极作用。今后要进一步拓展学会作用，举办国际和国内学术会议，组织会员单位联合承担国家和企业项目，组织专家进行新技术研讨，组织会员举办 CT 知识讲座和专业技能培训。并通过与中国机械工程学会无损检测分会、中国医学装备协会 CT 工程技术专业委员、中华医学会放射学分会等有关学会的交流合作，扩大会员的合作交流空间，推动我国 CT 技术快速健康发展。

参考文献

［1］ Tuy H K. An inversion formula for cone-beam reconstruction［J］. SIAM J Appl Math，1983，43：546-552.

［2］ Smith B D. Image reconstruction from cone-beam projections：necessary and sufficient conditions and reconstruction methods［J］. IEEE Trans Med Imaging，1985，4：14-25.

［3］ Wang G，Lin T H，Cheng P C，et al. A general cone-beam reconstruction algorithm［J］. IEEE Trans on Med Imaging，1993，12：486-496.

［4］ Katsevich A. Theoretically exact filtered backprojection-type inversion algorithm for spiral CT［J］. SIAM J Appl

Math，2002，62：2012–2026.

[5] Zou Y，Pan X. Exact image reconstruction on PI–lines from minimum data in helical cone–beam CT [J]. Phys Med Biol，2004，49a：941–959.

[6] Zou Y，Pan X. Image reconstruction on PI–lines by use of filtered back projection in helical cone–beam CT [J]. Phys Med Biol，2004 49b：2717–2731.

[7] Yang Jiansheng，Kong Qiang，Zhou Tie，et al. Cone beam cover method：an approach to performing back projection in katsevich's exact algorithm for spiral cone beam CT [J]. Journal of X–ray Science and Technology，2004，9：1–16.

[8] Yang Jiansheng，Guo Xiaohu，Kong Qiang，et al. Parallel implementation of katsevich's FBP algorithm [J]. International Journal of Biomedical Imaging，2006，ID 17463：1–8.

[9] Tang Jie，Zhang Li，Chen Zhiqiang，et al. A BPF–type algorithm for CT with a curved PI detector [J]. Physics in Medicine and Biology，2006，51（16）：287–293.

[10] 沈乐，邢宇翔．基于 GPGPU 的锥束螺旋 CT DBPF 重建算法的实现与加速方法研究 [J]．核技术，2010，33（11）：857–862.

[11] Liu Baodong，Zeng Li. Parallel SART algorithm of linear scan cone–beam CT for fixed pipeline [J]. Journal of X–ray Science and Technology，2009，17（3）：221–232.

[12] Zhao J，Jin Y N，Yang L，et al. A filtered backprojection algorithm for triple–source helical cone–beam CT [J]. IEEE Trans Medical Imaging，2008，28：384–393.

[13] Lu Y，Zhao J，Wang G. Exact image reconstruction with triple–source saddle–curve cone–beam scanning [J]. Phys Med Biol，2009，54：2971–2991.

[14] Zhao Yunsong，Zhu Yining，Zhang Peng. Application of an M–line–based backprojected filtration algorithm to triple–cone–beam helical CT [J]. Phys Med Biol 2010，55：7317–7331.

[15] Feldkamp I A，Davis L C，Kress J W. Practical cone–beam algorithm [J]. Opt Soc Am A，1984，1（6）：612–619.

[16] Grass M，Kohler T，Proksa R. 3D cone–beam CT reconstruction for circular trajectories [J]. Phys Med Biol，2000，45（2）：329–347.

[17] Grass M，Khler T，Proksa R. Angular weighted hybrid cone–beam CT reconstruction for circular trajectories [J]. Phys Med Biol，2001，46：1595–1610.

[18] Li L，Chen Z Q，Xing Y X，et al. A general exact method for synthesizing parallel–beam projections from cone–beam projections via filtered backprojection [J]. Phys Med Biol，2006，51：5643–5654.

[19] Li Liang，Xing Yuxiang，Chen Zhiqiang，et al. A curve–filtered FDK（C–FDK）reconstruction algorithm for circular cone–beam CT [J]. Journal of X–Ray Science and Technology，2011，19：355–371.

[20] 唐杰．物品机锥束螺旋 CT 图像重建算法研究 [D]．清华大学学报，2007.

[21] 傅健，路宏年．工业 CT 半扫描成像技术 [J]．北京航空航天大学学报，2005，31（9）：966–969.

[22] Li L，Chen Z Q，Zhang L，et al. A new cone–beam X–ray CT system with a reduced size planar detector [J]. Chinese Physics Society C，2006，30（8）：812–817.

[23] 陈明，张慧滔，陈德峰，等．转台单侧多次偏置的旋转扫描模式的重建算法 [J]．无损检测，2009，31（1）：29–34.

[24] 邹晓兵，曾理．重排的半覆盖螺旋锥束 CT 的反投影滤波重建 [J]．光学精密工程，2010，18（9）：2077–2085.

[25] Defrise M，Noo F，Clackdoyle R，et al. Truncated hilbert transform and image reconstruction from limited tomographic data [J]. Inverse Problems，2006，22：1037–1053.

[26] Ye Y B，Yu H Y，Wei Y，et al. A general local reconstruction approach based on a truncated hilbert transform [J]. Int J Biol Imag，2007，ID 63634.

[27] Kudo H，Courdurier M，Noo F，et al.Tiny a priori knowledge solves the interior problem in computed tomography [J]. Phys Med Biol，2008，53：2207–2231.

[28] Yu Hengyong，Wang Ge. Compressed sensing based interior tomography [J]. Phys Med Biol，2009，54：2791–

2805.

[29] Li L, Kang K J, Chen Z Q, et al. A general region-of-interest image reconstruction approach with truncated Hilbert transform [J]. Journal of X-ray Science and Technology, 2009, 17 (2): 135-152.

[30] Yang J S, Yu H, Jiang M, et al. High-order total variation minimization for interior tomography [J]. Inverse Problems, 2010, 26: 035013.

[31] Yang J S, Yu H, Jiang M, et al. High order total variation minimization for interior SPECT [J]. Inverse Problems, 2012, 28: 015001.

[32] Katsevich A. Singular value decomposition for the truncated hilbert transform [J]. Inverse Problems, 2010, 26 : 115011.

[33] Jin Xin, Katsevich A, Yu Hengyong, et al. Interior tomography with continuous singular value decomposition [J]. IEEE Tran Med Imag, 2012, 31 (11): 2108- 2119.

[34] Candes E J, Romberg J, Tao T. Robust uncertainty principles: Exact signal reconstruction from highly incomplete frequency information [J]. IEEE Trans Inf Theo, 2006, 52a: 489-509.

[35] Candes E J, Romberg J K, Tao T. Stable signal recovery from incomplete and inaccurate measurements [J]. Comm Pur Appl Math, 2006, 59b: 1207-1223.

[36] Sidky E Y, Kao C M, Pan X H. Accurate image reconstruction from few-views and limited-angle data in divergent-beam CT [J]. J X-Ray Sci Tech, 2006, 14: 119-139.

[37] Sidky E Y, Pan X. Image reconstruction in circular cone-beam computed tomography by constrained, total-variation minimization [J]. Phys Med Biol, 2008, 53: 4777-4807.

[38] Chen G H, Tang J, Leng S H. Prior image constrained compressed sensing (PICCS): A method to accurately reconstruct dynamic CT images from highly undersampled projection data sets [J]. Medical Physics, 2008, 35: 660-663.

[39] Yu H Y, Wang G. A soft-threshold filtering approach for reconstruction from a limited number of projections [J]. Phys Med Biol, 2010, 55: 3905-3916.

[40] Jakob S J, Sidky E Y, Pan Xiaochuan. Quantifying admissible undersampling for sparsity-exploiting iterative image reconstruction in X-ray CT [J]. IEEE Trans Med Imag, 2013, 32 (2): 460-473.

[41] 邹晶，孙艳勤，张朋. 由少量投影数据快速重建图像的迭代算法 [J]. 光学学报，2009，29 (5)：1198-1204.

[42] 朱溢佞，赵云松，赵星. 基于线阵列探测器的多角度平行投影数据及其图像重建算法 [J]. 无损检测，2012，34 (7)：14-19.

[43] Zhang Guowei, Cheng Jianping, Zhang Li, et al. A practical reconstruction method for dual energy computed tomography [J]. Journal of X-Ray Science and Technology, 2008, 16 (2): 67-88.

[44] Xing Yuxiang, Zhang Li, Duan Xinhui, et al. A reconstruction method for dual high-Energy CT with MeV X-Rays [J]. IEEE Transactions on Nuclear Science, 2011, 58 (2): 537 - 546.

[45] Wang Yilun, Yang Junfeng, Yin Wotao, et al. A new alternating minimization algorithm for total variation image reconstruction [J]. SIAM J Imaging Sci, 2008, 1 (3): 248-272.

[46] Duijndam A, Schonewille M. Nonuniform fast fourier transform [J]. Soc Explor Geophys Ann Internat Mtg, Expanded Abstracts, 1997, 1135-1138.

[47] Zeng Li, Liu Baodong, Liu Linghui, et al. A new iterative reconstruction algorithm for 2D exterior fan-beam CT [J]. Journal of X-ray Science and Technology, 2010, 18 (3): 267-277.

[48] Gao Hewei, Zhang Li, Chen Zhiqiang, et al. Direct filtered-backprojection-type reconstruction from a straight-line trajectory [J]. Opt Eng, 2007, 46 (5): 057003.

[49] Gao Hewei, Zhang Li, Xing Yuxiang, et al. Volumetric imaging from a multisegment straight-line trajectory and a practical reconstruction algorithm [J]. Opt Eng, 2007, 46 (7): 077004.

[50] Gao Hewei, Zhang Li, Xing Yuxiang, et al. An improved form of linogram algorithm for image reconstruction [J]. IEEE Trans Nucl Sci, 2008, 55 (1): 552-559.

[51] Jin Xin, Li Liang, Chen Zhiqiang, et al. Anisotropic total variation minimization method for limited-angle CT reconstruction [C] Proc. SPIE 8506, developments in X-Ray tomography Ⅷ, 85061C. San Diego, California, USA: 2012.

[52] Jiang Ming, Wang Ge.Convergence studies on iterative algorithms for image reconstruction [J]. IEEE Transactions on Medical Imaging, 2003, 22(5): 569 - 579.

[53] Qu Gangrong, Wang Caifang, Jiang Ming. Necessary and sufficient convergence conditions for algebraic image reconstruction algorithms [J]. IEEE Transactions on Imaging Processing, 2009, 18(2): 435-440.

[54] 孔慧华，潘晋孝. 序列子集联合代数重建技术[J]. CT 理论与应用研究，2008，17(2)：40-45.

[55] 孔慧华，潘晋孝. 图像重建的统计自适应子集算法[J]. 中北大学学报(自然科学版)，2010，31(1)：76-80.

[56] Duan X H, Zhang L, Xing Y X, et al. Few-view projection reconstruction with an iterative reconstruction-reprojection algorithm and TV constraint [J]. IEEE Transactions on Nuclear Science, 2009, 56(3): 1377-1382.

[57] Mueller K, Yagel R.Rapid 3-D cone-beam reconstruction with the simultaneous algebraic reconstruction technique (SART) using 2-D texture mapping hardware [J]. IEEE Trans Med Imaging, 2000, 19(12): 1227-1237.

[58] Zhao X, Hu J J, Zhang P. GPU-based 3D cone-beam CT image reconstruction for large data volume [J]. Int J Biomed Imaging, 2009, 149079.

[59] 张慧滔，于平，胡修炎，等. 利用 GPU 实现单层螺旋 CT 的三维图像重建[J]. 电子学报，2011，39(1)：76-81.

[60] 毕文元，陈志强，张丽，等. 基于 CUDA 的三维重建过程实时可视化方法[J]. CT 理论与应用研究，2010，19(2)：21-28.

[61] 曾理，刘宝东，邹晓兵. 螺旋锥束 CT 图像同时代数重建的机群并行化[J]. 计算机工程与应用，2007，43(31)：225-229.

[62] 张国伟. 双能 X 射线成像算法及应用研究[D]. 清华大学，2008.

[63] 陈步东，贺文，李剑颖，等. 双能能谱 CT 定量检测尘肺 SiO_2[J]. 中国医学影像技术，2011，27(12)：2393-2397.

[64] 吕培杰. CT 能谱成像在小肝癌检测中的应用价值[J]. 放射学实践，2011，26(3)：321-324.

[65] Friedman E P. Review of dual-energy computed tomography techniques [J]. Materials Evaluation, 1990, 48(5): 623-629.

[66] Thomas G F, Cynthia H M, Herbert B, et al. First performance evaluation of a dual-source CT (DSCT) system [J]. Eur Radiol, 2006, 16: 256-268.

[67] Xu D, Langan D, Wu X, et al. Dual energy ct via fast kvp switching spectrum estimation [C]. Proc. SPIE 7258, Medical Imaging 2009: Physics of Medical Imaging, 2009.

[68] Shikhaliev P M, Xu Tong, Molloi S. Photon counting computed tomography: Concept and initial results [J]. Med Phys, 2005, 32(2): 427- 436.

[69] Ying Zhengrong, Naidu R, Crawford C R. Dual energy computed tomography for explosive detection [J]. Journal of X-Ray Science and Technology, 2006, 14: 235-256.

[70] Zhang G W, Zhang L, Chen Z Q. An H-L curve method for material discrimination of dual energy X-ray inspection systems [C]. Proceedings of the IEEE nuclear science symposium. Puerto Rico: 2005: 326-328.

[71] 高洋，曾理. 结合全变差最小化的双能 CT 重建[J]. 计算机应用研究，2012，29(3)：1158-1161.

[72] Zhao Y, Zou X, Yu W.Iterative reconstruction algorithm for half-cover dual helical cone-beam computed tomography [J]. Insight-Non-Destructive Testing and Condition Monitoring, 2013, 55(5): 232-236.

[73] Liu Yuanyuan, Cheng Jianping, Zhang Li, et al. Dual energy CT imaging from few-views data [C]. Proceedings of the 11th international meeting on fully three dimensional image reconstruction in radiology and nuclear medicine. Potsdam, Germany: 2011.

[74] Li Liang, Chen Zhiqiang, Jiao Pengfei. Dual-energy CT reconstruction based on dictionary learning and total

variation constraint [C]. Proceedings of the 2012 IEEE Med Imag Conf. Anaheim, California: 2012.

[75] Ge Xin, Wang Zhili. Investigation of the partially coherent effects in a 2D Talbot interferometer [J]. Anal Bioanal Chem, 2011, 401: 865–870.

[76] Rizzi J, Weitkamp T. Quadriwave lateral shearing interferometry in an achromatic and continuously self-imaging regime for future x-ray phase imaging [J]. Optics Letters, 2011, 4: 1398–1400.

[77] Takeda M, Ina H, Kobayashi S. Fourier-transform method of fringe-pattern analysis for computer-based topography and interferometry [J]. J Opt Soc Am, 1982, 72 (1): 156–160.

[78] Zhu P P, Zhang K. Low-dose, simple, and fast grating-based X-ray phase-contrast imaging [C]. Proceedings of the National Academy of Sciences of the United States of America. PNAS, 2010.

[79] Dilmanian F A, Zhong Z, Ben B, et al. Computed tomography of x-ray index of refraction using the diffraction enhanced imaging method [J]. Phys Med Biol, 2000, 45: 933–946.

[80] Zhu P P, Wang J Y, Yuan Q X, et al. Computed tomography algorithm based on diffraction-enhaced imaging setup [J]. Appl Phys Lett, 2005, 87: 264101.

[81] Huang Zhifeng, Kang Kejun. Alternative method for differential phase-contrast imaging with weakly coherent hard x rays [J]. Physical Review A, 2009, 79: 013815.

[82] Wang Zhentian, Huang Zhifeng, Zhang Li, et al. Low dose reconstruction algorithm for differential phase contrast imaging [J]. Journal of X-ray Science and Technology 2011, 19: 403–415.

[83] Wang Zhentian, Kang Kejun, Huang Zhifeng, et al. Quantitative grating-based x-ray dark-field computed tomography [J]. Applied Physics Letters, 2009, 95: 094105.

[84] 李镜，刘文杰．基于光栅相衬成像的扇束螺旋 CT 重建方法［J］．光学学报，2010，30（2）：421–426.

[85] Chen R C, Xie H L, Rigon L, et al.Phase contrast micro-computed tomography of biological sample at SSRF [J]. Tsinghua Science & Technology, 2010, 15 (1): 102–107.

[86] Xi Yan, Zhao Jun. Inner-focusing reconstruction method for grating-based phase-contrast CT [J]. Optics Express, 2013, 21 (5): 6224–6232.

[87] Zhu Y, Zhao M, Zhao Y, et al. Noise reduction with low dose CT data based on a modified ROF model [J]. Optics Express, 2012, 20 (16): 17987–18004.

[88] Qu Gangrong. Singularities of the radon transform of a class of piecewise smooth functions in R-2 [J]. Acta mathematicae applicatae Sinica, 2011, 27 (2): 191–208.

[89] Qu Gangrong. Wavelet inversion of the k-plane transform and its application [J]. Appl Comput Harmon Anal, 2006, 21: 262–267.

[90] 赵英亮．三维结构特征 CT 重建算法研究［D］．中北大学，2010.

[91] Wang Huaxiang, Wang Chao, Yin Wuliang. A pre-iteration method for the inverse problem in electrical impedance tomography [J]. IEEE Transactions on Instrumentation and Measurement, 2004, 53 (4): 1093–1096.

[92] Cao Zhang, Xu Lijun, Fan Wenru, et al. Electrical capacitance tomography for sensors of square cross sections using calderon's method [J]. IEEE T Instrumentation and Measurement, 2011, 60 (3): 900–907.

[93] Cao Zhang, Xu Lijun. Direct image reconstruction for 3-D electrical resistance tomography by using the factorization method and electrodes on a single plane [J]. IEEE T Instrumentation and Measurement, 2013, 62 (5): 999–1007.

[94] 李斌，傅健，周正干．基于空间解析几何关系的焦点投影位置测量［J］．北京航空航天大学学报，2011，37（4）：458–461.

[95] Sun Y, Hou Y, Zhao F, et al. A calibration method for misaligned scanner geometry in cone-beam computed tomography [J]. NDT&E Int, 2006, 39 (6): 499–513.

[96] Wu Dufan, Li Liang, Zhang Li, et al. Geometric calibration of cone-beam CT with a flat-panel detector [C]. Proceedings of the 2011 IEEE Med Imag Conf. Valencia, Spain: 2011.

[97] 曹文田，李成超，李军，等．小动物锥束 CT 分角度几何校正［J］．中国医学影像技术，2011，27（11）：2311–2316.

［98］陈炼，吴志芳，刘锡明，等．锥束 CT 系统几何参数校正的解析计算［J］．清华大学学报（自然科学版），2010，50（3）：418–421.

［99］王亮，张朋．扇束 CT 几何伪影的校正方法［J］．电子学报，2011，39（5）：1143–1149.

［100］陈志强，李溪韵，邢宇翔．基于视觉定位的非确定轨迹 CT 系统［J］．清华大学学报（自然科学版），2012，52（5）：720–724.

［101］Wang Qingli，Li Liang，Zhang Li，et al. A novel metal artifact reducing method for cone–beam CT based on three approximately orthogonal projections［J］．Phys Med Biol，2013，58：1–17.

［102］侯涛，王东．基于矩匹配算法的 CT 图像亚像素级精度测量方法的研究［J］．计算机测量与控制，2003，11（7）：492–495.

［103］王珏，徐利兵，卢艳平．边缘检测在工业 CT 图像中的应用［J］．无损检测，2007，29（2）：61–65.

［104］曾理，安贝贝，悦秀娟．工业 CT 图像中小间隙裂纹的亚像素测量方法［J］．计算机工程与应用，2010，46（30）：232–236.

［105］Shi C，Xing Y X. ROC analysis of 3D X–ray CT performance for lesion detection［R］．IEEE NSS/MIC Record，2009，N13–189：904–908.

［106］施成，邢宇翔．用 ROC 和 LROC 方法观察三维 CT 成像识别缺陷的性能［J］．中国医学影像技术，2012，28（2）：361–366.

［107］杨强，刘鑫，郭金川，等．无吸收光栅的 X 射线相位衬度成像实验研究［J］．物理学报，2012，61（16）：160702.

［108］刘鑫，雷耀虎，赵志刚，等．硬 X 射线相位光栅的设计与研制［J］．物理学报，2010，59（10）：6927–6932.

［109］麦振洪．同步辐射光源及其应用［M］．北京：科学出版社，2013.

［110］朱佩平．角度信号调制空间载波成像原理［R］．北京：中国体视学学会 CT 理论应用分会，2013.

［111］Xu Qiong，Yu Hengyong，Mou Xuanqin，et al. Low–dose x–ray CT reconstruction via dictionary learning［J］．IEEE Transactions on Medical Imaging，2012，31（9）：1682–1697.

［112］Xu Qiong，Yu Hengyong，Bennett J，et al. Image reconstruction from hybrid true–color Micro–CT［J］．IEEE Transactions on Biomedical Engineering，2012，59（6）：1711–1719.

［113］Xu Qiong，Mou Xuanqin，Wang Ge，et al. Statistical interior tomography［J］．IEEE Transactions on Medical Imaging，2011，30（5）：1116–1128.

［114］Wu Junfeng，Mou Xuanqin，Yu Hengyong，et al. Statistical interior tomography via dictionary learning without assuming an object support［C］．Proceedings of 11th Fully 3D international meeting，California，USA：2013.

［115］杨莹，牟轩沁，余厚军．基于模型的钨靶 X 射线球管光谱重建［J］．电子学报，2010，38（10）：2285–2291.

［116］Tang Shaojie，Mou Xuanqin，Xu Qiong，et al.Data Consistency condition–based beam–hardening correction，Optical Engineering［J］．2011，50（7）：076501（1–13）.

［117］Tang Shaojie，Mou Xuanqin，Wu Junfeng，et al. CT gradient image reconstruction directly from projections［J］．Journal of X–Ray Science and Technology，2011，19（2）：173–198.

［118］Yan Hao，Mou Xuanqin，Tang Shaojie，et al. Projection correlation based view interpolation for cone beam CT：primary fluence restoration in scatter measurement with moving beam stop array［J］．Phys Med Biol，2010，55：6353–6375.

［119］Zhang Yanbo，Yan Hao，Jia Xun，et al. A hybrid metal artitifact reduction algorithm for X–ray CT［J］．Medical Physics，2013，40（4）：041910（1–17）.

［120］Xu F，Mueller K.Towards a unified framework for rapid computed tomography on commodity GPUs［C］．IEEE Medical Imaging Conference（MIC）2003. Portland：2003.

［121］Zhang Guowei，Cheng Jianping，Zhang Li，et al. A practical reconstruction method for dual energy computed tomography［J］．J X–ray Sci & Tech，2008，16（2）：67–88.

［122］Wang G, Ye Y，Yu H. Approximate and exact cone–beam reconstruction with standard and non–standard spiral scanning [J]. Phys Med Biol, 2007, 52: R1 - R13.

[123] Wang G, Yu H. The meaning of interior tomography [J]. Phys Med Biol, 2013, 58: R161 - R186.

撰稿专家:(以姓氏笔画为序)

王化祥　朱佩平　牟轩沁　邢宇翔　张　朋　张萍宇　李　亮
李兴东　杨　民　杨建生　陈　平　郑海荣　赵　俊　郭广平
郭金川　曹　章　渠刚荣　阎　镔　曾　理

执　　笔:张　朋　邢宇翔　李　亮

体视学与图像分析系统发展现状与趋势

一、引言

体视学（Stereology）的核心含义为“研究三维结构的科学”。体视学研究的重点，是三维结构表征的方法学研究，既包括基于其低维截面或投影推估三维结构的定量表征参量，又包括三维结构的低维截面或投影图像自身的研究，也包括三维结构或其图像的完整重建及三维直接观测分析[1-5]。

随着计算机软硬件与图像技术的发展，对三维结构及其截面或投影的定量体视学表征的具体实现一直不断地由人工方法向半自动和自动化测量与表征转变，从 20 世纪 70 年代，陆续出现了半自动、自动进行体视学与图像分析的仪器设备。而随着体视学理论与方法学自身的发展，新的体视学的人工方法和自动化方法也不断陆续问世，例如服务于经典体视学的操作方法、服务于现代体视学（基于设计的体视学）的自动图像分析方法，等等。本专题报告对此类仪器设备的发展情况作一个扼要概述，是对其他专题报告的一个重要补充。

二、自动图像分析系统的发展

（一）人工体视学方法

将体视学实际应用于结构研究，许多情况下并不需要昂贵的仪器设备，采用简单的人工计点方法等即可完成[2-4]。例如，带有目镜测微尺或测试网格的显微镜即可定量测量体积分数、平均晶粒尺寸、单位体积中的截面积等。

人工体视学分析方法一般效率较低，样本和视场采集量受到较大限制，但简单易行、其成本低、代价小，且人脑对复杂结构和图像的辨别能力强而灵活，从而此类人工方法在许多情况下仍然发挥着极为重要的作用。美国麻省理工学院（MIT）开展本科实验教学时，均一直采用人工体视学方法[6]，北京科技大学则是在MIT实验指导书基础上重新设计实验，人工方法与自动分析方法并用。

至今，带有目镜测微尺或测试网格的显微镜仍是人工体视学方法的主要工具。随着新的体视学方法问世，显微镜的目镜体视学测试器的种类也更加丰富。同时，还出现了借助计算机软件辅助网格设计并测试的技术方法，即利用计算机软件自动生成测试网格并将其叠加在计算机图像上，同时打开体视学网格测试辅助软件，对网格与叠加的计算机图像进行辅助测试，记录测试结果并对数据进行管理和分析。后者是计算机辅助的一类半自动体视学图像分析方法。

在大量情况下，人工方法和半自动方法无法满足应用需求，自动图像分析则具有其高效率和高精确性等重要优势。据报道，原来耗时两年才完成在脑的一侧解剖区域计数242681个细胞的某一研究实例[7]，改用计算机体视学分析系统辅助的现代体视学研究方式，仅需1小时即可获得同样可信的研究结果。从而，自20世纪70年代起，在世界科技界和工业界掀起了自动图像分析仪研发和推广应用热潮。

（二）获取3D结构的定量表征参数的一般流程与自动图像分析

将体视学实际应用于结构研究时，人眼或自动化仪器“看”到的是与待研究分析的结构对应的不同维数的几何图像。体视学常常以获得3D结构的体视学组织定量表征参数值为目的，从而，将体视学应用于获取3D结构的定量表征参数值的一般流程为[8]：

获取3D结构的截面或投影的图像 → 图像分割（将彩色图像或灰图像分割为二值图像）→ 必要的图像处理（获得适合体视学测量的新图像）→ 低维图像的定量测量（获得低维图像的表征参量值）→ 应用体视学公式以最终获得三维结构的定量表征参数。

与图像获取仪器（例如各种显微镜）相连接，自动图像分析仪的核心功能是二维图像分割、处理和自动测量。1989年出版的体视学专著[2]中第10章《自动图像分析》系统介绍了早期自动图像分析仪的分类、测量与参量、数学形态学的应用、自动图像分析的应用及注意事项等。必须指出，体视学仅给出获取3D结构定量表征参数的原理，图像分析仪则实现了将3D结构的体视学表征从人工操作发展为半自动化和自动化操作，从而极大地推动了体视学的推广应用。

20世纪70年代，与体视学家一道，我国活跃在材料、生物医学、地质、矿业、煤炭、核工业、遥感等众多领域的一大批操作应用自动图像分析仪的科技工作者形成了推动创建中国体视学学会的重要力量，也使上述诸多自动图像分析应用领域中对3D结构定量表征感兴趣的科技工作者汇聚到体视学这一新兴交叉学科中来。我们应当永远记住老一代科技工作者的历史性贡献。

（三）经典体视学与自动图像分析系统

经典体视学的大部分原理和公式成形于 19 世纪末期和 20 世纪[2]。最主要的 3D 结构表征参数有体积分数、单位体积中的界面面积、单位体积中的线长度、面或棱线的曲率；平均尺寸与尺寸分布；体积、面积、长度，个数、界面数、棱数，形状因子，等等。这些参数中有的可以采用经典体视学方法无偏测量，有的需要采用 disector 等现代体视学方法才能无偏测量，有的无偏测估方法至今仍在研究之中。

经典体视学于 20 世纪 70—80 年代时大体上已相当成熟，从而基于体视学基本原理的自动图像分析仪器应运而生，在世界范围内获得了非常兴旺的商业市场并在众多科技领域获得推广应用。图 1 示出了计算机自动图像分析仪的基本结构、功能及分析测量过程。

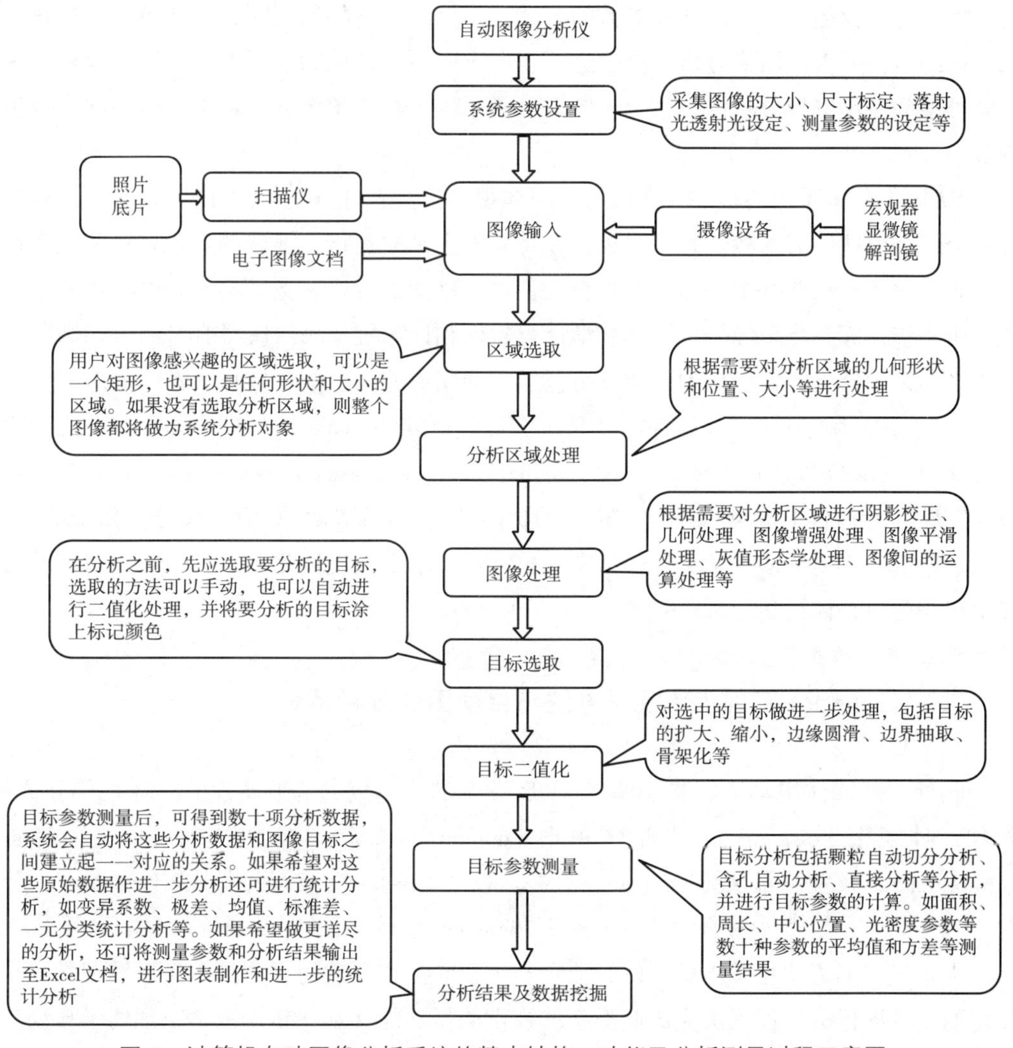

图 1　计算机自动图像分析系统的基本结构、功能及分析测量过程示意图

鉴于经典体视学近年来并未推出新的原理和公式，从而当今的自动图像分析仪在体视学参量的基本测量方法上与早期图像分析仪差异并不大，但其效率和精度水平随着计算机功能的不断发展而变得更加强大。同时，必须遵循一系列的国内外标准而设计开发自动图像分析仪器，包括材料体视学领域的国家标准 GB/T 15749—2008《定量金相测定方法》，系列国家标准 GB/T 18876.1—2002、GB/T 18876.2—2006、GB/T 18876.3—2008《应用自动图像分析测定钢和其他金属中金相组织、夹杂物含量和级别的标准试验方法》，国家标准 GB/T 21865—2008《用半自动和自动图像分析法测量平均粒度的标准测试方法》等。目前，基于经典体视学原理的自动图像分析系统已成为多数材料实验室和材料企业检测中心的基本分析测试设备（与显微镜系统联合应用）。在该领域，有两个发展趋势：

1）为满足提高效率、简化操作、减少测量误差等需要，应用于不同专门领域甚至专门定量表征任务的专用图像分析系统不断问世。图像分析系统可广泛用于材料、生物组织的宏观、显微及超微结构体视学参数的测试。根据测试材料的不同，为适应不同材料对图像分析的有关要求，图像分析系统已进一步向不同专业领域的应用方面发展，分化出多种不同类型的专用图像分析仪，如金相图像分析系统、细胞图像分析系统，病理图像分析系统等。

2）图像分析系统的核心是图像分析与体视学计算软件。当今的计算机图像分析软件，已完全可与以往所需的特定硬件脱离，在计算机上独立运行。随着各类计算机和成像系统的大规模普及，一些基本的体视学半自动甚至自动图像分析任务已不再高度依赖专门的图像分析系统，而是将图像分析及体视学计算软件和计算机及成像仪器 DIY 组合，即可完成原来必须采用昂贵的大型自动图像分析仪器才能完成的体视学定量测量表征工作。

例如，国际上有一定代表性的计算机图像分析软件 Image-Pro Plus 即已具有比较完备的计算机图像分析功能（http：//www.mediacy.com/index.aspx?page=Image_Pro_All_Prods），只要安装在计算机上即可将相应计算机的功能提升到非高端计算机图像分析系统的水平。因此，目前大学里的体视学实验教学中，也常常要求学生通过此类 DIY 方式自行完成材料显微组织的自动体视学分析。

（四）Disector 等现代体视学方法与自动图像分析系统

此处“现代体视学”特指 1984 年以后发明的一系列“基于设计的”体视学新方法，例如：体视框（disector）、光学体视框（optical disector）、球切法（isector）、定向法（orientator）、核距测量法（nucleator）、择合法（selector）、转距测量法（rotator）、分合法（fractionator）、光学分合法（optical fractionator）、均合法（proportionator）等等。

由于这些新方法是基于设计的，取样与体视学测量原理明显不同于经典体视学，从而传统的自动图像分析仪无法完成此类新体视学测量功能。基于新体视学原理的半自动和自动测试分析系统和相应软件又应运而生。例如，国外有些公司已开发有系列现代体视学分析软件和分析系统，例如市面有售的 newCAST 系统（the new computer assisted stereological toolbox）[9, 11]。newCAST 系统由 Visiopharm 公司开发，甚至具备切片对位、视野均合抽样等功能。2007 年，我国即进口了一套 newCAST 系统（川北医学院，但没有视野均合抽样功能）。Visiopharm 公司还开发有 Visiopharm image analysis and stereology software tools、Autodisector™、Proportionator™、High Through-put Whole Slide Stereology™、newCAST Whole Slide Stereology™、Visiomorph™ for microscopes、VisiomorphDP™、TissuemorphDP™、Arrayimager™、HER2-CONNECT™ 等体视学与定量图像分析系列软硬件产品[11]。

在我国，用户超过 400 家的国产“CMIAS 医学病理图像分析系统”[京药管械（准）字 2001 第 2210233 号] 亦实现了自动 Disector 无偏体视学分析和三维显示等多种功能[12]。国内研发的另一套基本能实施光学体视框技术的体视学图像系统则属于研发者自用设备，并未商品化[9, 10]。

一般地，基于 Disector 现代体视学原理的分析系统主要由以下部分构成：网格生成系统、电动显微镜载物台、载物台 Z 轴位移测量仪、数据记录仪、图像分析系统等。该测试系统通过在切片上构建显微体视框（图 2），从而直接实现生物组织显微结构的体视学测试。该系统能精确测量并显示载物台 Z 轴的移动距离，以协助构建显微体视框的高度；能等距移动显微镜载物台的 X 和 Y 轴，以实现切片视野的等距随机抽样；能在图像上按需叠加测试网格，进行体视学技术；能测量图像上任意两点间的距离，辅助必要的测试；能进行必要的图像处理。基于 Disector 现代体视学原理的分析系统，可以直接无偏测得体积密度、数密度等一些经典体视学不能无偏测定的三维体视学结构参数的值。

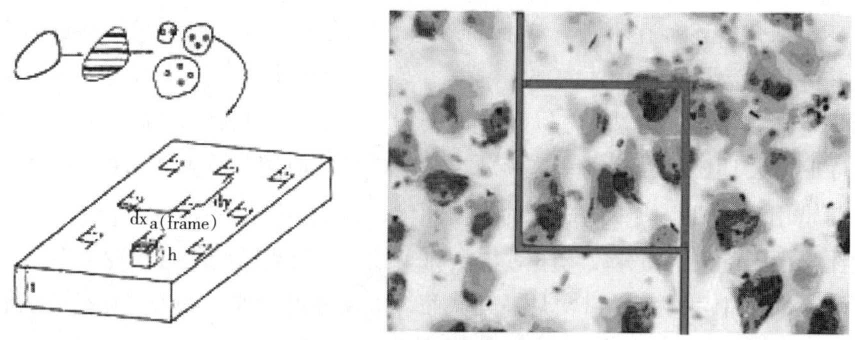

图 2 Disector 结构及基本测试方法

我国材料体视学领域亦有少量应用 Disector 等现代体视学方法的研究实例[13, 15]并且被国外的体视学专著[14]作为例子进行过专门介绍，但绝大多数材料科技工作者和工业界对此缺乏兴趣。由于 Disector 等现代体视学方法目前仍主要用于生物医学领域，从而，国内外此类体视学图像分析系统均主要针对生物医学应用领域而开发。这是由于材料体视学与生物医学体视学所面对的应用需求存在明显不同导致的必然现象。

例如，材料科学与工程领域所研究的材料对象的总量可能非常大（与生物样品比较而言），样品不透明（无法采用 Optical disector 和 Optical Fractionator 等光学取样测试方法），且一般不关心某类相或特征物的绝对个数，亦常常不需要测定单个相粒子的体积，故而 Disector、Optical disector、Isector、Orientator、Nucleator、Selector、Rotator、Fractionator、Optical Fractionator、Proportionator 等一系列现代体视学方法在材料领域中没有其在生物医学领域那么强烈的必要性和迫切性。对于粒径较大的生物体组织结构（如肺泡，较大的腺体）以及宏观结构，实际应用时也是难以应用 Disector 体视学分析系统进行测量的。

（五）三维图像重建与 CT 设备

随着体视学的不断发展以及众多应用领域的新需求，人们也已经将由投影重建三维图像（如 3D CT imaging）和由截面（常常是系列截面）重建三维图像（3D reconstruction）纳入体视学的领域范畴。此时在实现了 3D 可视化的同时，更重要的是所得 3D 图像提供了 3D 结构的所有几何形态信息，如果需要则可以对其取任何截面或投影，或进一步获取各种定量表征参数。在这些新技术领域，我国已有许多优秀成果，包括获得 2010 年度国家技术发明奖一等奖的“大型装备缺陷辐射检测技术”等。

CT（computed tomography）成像，即“计算机断层成像技术”或“计算机层析成像技术”，可归结为从沿射线的投影数据重建三维 CT 图像，已成为基于低维投影研究 3D 结构的重要学科分支。目前 CT 设备的研发主要分为工业无损检测 CT、医学和生物成像 CT、公共安检 CT、显微 CT 四个大类。其中，X 射线显微 CT 是一种基于 X 线成像的显微 CT，也称为 Micro-CT、微焦点 CT 或者微型 CT、μCT、X 射线微断层摄影术，为非侵入性和非破坏性成像技术。在不破坏样品的情况下，该技术利用 X 射线的穿透力对样品进行扫描，并由扫描数据重建物体内部的三维图像及三维结构信息，有可能成为破坏性制样成像然后进行体视学分析方法的有力竞争者。X 射线显微 CT 由于其高分辨率及无损成像特点使其在医学、地质学、材料学等领域获得了广泛的应用，它无需对材料进行实际的截面剖分，而是用计算机生成不同取向的截面图像，在获得的三维坐标下，可以方便使用所有可能的体视学测量技术和参数。详见本书《CT 技术发展现状与趋势》专题报告，此处不重复。

科学研究中由截面（常常是系列截面）重建三维图像，一般是由研究者自行开发相应软件并借助与计算机予以实现，多数情况下并无专用仪器设备，例如文献［16］和《综合报告》中多处介绍的三维重建科学研究方面的内容。针对某一有重大实际价值和需求的具体应用，则会专门设计开发相应的三维重建软件和硬件设备，但多以具体应用作为系统的名称，“体视学”等字样一般不会出现在系统名称中。

（六）自动图像分析仪器的辅助系统

前已述及，体视学应用于获取三维结构的定量表征参数值的一般流程为：获取 3D 结构的截面或投影的图像 → 图像分割（将彩色图像或灰图像分割为二值图像）→ 必要的图像处理（获得适合体视学测量的新图像）→低维图像的定量测量（获得低维图像的表征参量值）→应用体视学公式以最终获得三维结构的定量表征参数。

在上述操作流程中，只有“低维图像的定量测量（获得低维图像的表征参量值）→应用体视学公式以最终获得三维结构的定量表征参数”是自动图像分析和体视学应用的核心部分，而“获取3D结构的截面或投影的图像→图像分割（将彩色图像或灰图像分割为二值图像）→必要的图像处理（获得适合体视学测量的新图像）”等环节则属于自动图像分析和体视学应用的辅助环节。然而，由于能否进行体视学测量和测量的准确程度，均取决于所分析的图像能否代表原3D结构的截面或投影，其图像质量是否足够高，从而这些辅助环节常常又是决定体视学分析成败和水平的关键。

上述环节中的图像分割技术和图像处理技术，近年来取得了很大发展并已陆续应用到自动图像分析系统的研发中。但这些技术多以软件形式改善和提高系统的质量和水平，并不以硬件的形式出现，故此处对此略过，其具体研究进展见本书《图像分析研究现状与趋势》专题报告。

近年来的图像分析系统的发展，除依赖于体视学本身的发展外，高度依赖于计算机软硬件、显微镜系统和其他成像仪器设备的水平的发展与提高。在体视学与自动图像分析软件水平相差无几的情况下，自动图像分析系统的水平和价值。价格主要取决于这些“辅助”因素。例如，若不能获得生物组织超微结构的高质量图像，何来生物组织超微结构的体视学分析表征？

由此看来，各类成像系统，尤其是数字成像系统，常常决定着体视学分析的成败和水平。近年来，发展出了一系列与各类现代计算机成像系统整合在一起的体视学与图像分析测试系统（实际上已经将先进的图像处理技术等整合在内），且常常以成像系统命名。简介如下：

（1）激光扫描共聚焦显微镜（LSCM）[16]

激光扫描共聚焦显微镜（laser scanning confocal microscope，LSCM），是激光共聚焦显微成像技术与计算机图像分析技术结合的产物，具有强大的显微测试功能，不但能对显微组织结构进行测试，而且能对细胞的功能进行测试，是目前最为先进的细胞生物医学分析仪器之一，也是体视学图像分析的重要测试仪器。LSCM基于荧光显微镜，加入了激光发射装置，利用紫外光或可见光激发荧光探针，逐点、逐行、逐面，快速扫描成像，结合计算机图像处理系统，全面的观察细胞、组织内部形态结构。目前，一台配置完备的LSCM在功能上已经完全能够取代以往的任何一种光学显微镜，它相当于多种制作精良的常用光学显微镜的有机组合，如倒置光学显微镜、紫外线显微镜、荧光显微镜、暗视野显微镜、相差显微镜（PH）、微分干涉差显微镜（DIC）等。LSCM以其高对比度、高分辨率、无损断层成像等优点被广泛应用于细胞等各种生物微粒的研究。由于LSCM获取的二维图像为景深极小的“光学切片”，在沿与切片平面垂直方向连续移动样品时可获得样品不同深度层次的二维图像，可以任意选择成像位置及成像间距，得到细胞的二维均匀随机取样断层图像，所得二维图像组数据满足体视学运用条件。用体视学方法对细胞的共聚焦显微图像数据进行处理和统计分析，获得其三维结构参数，具有重要意义，可用于表征相应细胞的三维形态学特征。将体视学和LSCM细胞图像的结合，可实现细胞三维结构参数的快速测试，是细胞生物学尤其是细胞形态定量分析的有效研究方法[8]。目前已有学者采用LSCM结合体视学技术定量研究器官、组织、细胞的化学成分及生物分子的结构和分布。基于LSCM可对细胞三维形态结构参数进行测试，结合专用的分子探针可对三维结构中的化学成分和生物分子进行分析，可对活细胞、活组织及其化学成分、分子含量进行实时定位测试及分析。对于待检测的成分不仅可以定位到细胞水平，还可以定位到亚细胞水平和分子水平。

（2）原子力显微镜（AFM）

原子力显微镜（atomic force microscopy，AFM，图3）[17]是Binnig等人在STM的基础上发展起来的扫描探针显微镜，它利用原子之间的范德华力来呈现样品的表面特性，可获取纳米级分辨率的活生物体等表面结构信息。AFM通过测试探针针尖与样品表面原子间力的大小来描绘样品的表面形貌，它不受样品是否具有导电性的限制，可以对导体、半导体和绝缘体进行测量，使我们能够定量测试纳米级微粒及生物分子结构。对于细胞研究，AFM能够提供长度、宽度和高度等形态方面的信息，还能满足人们对膜上的有关通道、丝状伪足和细胞间连接等细微结构的观察，进而实施体视学和图像分析测量。

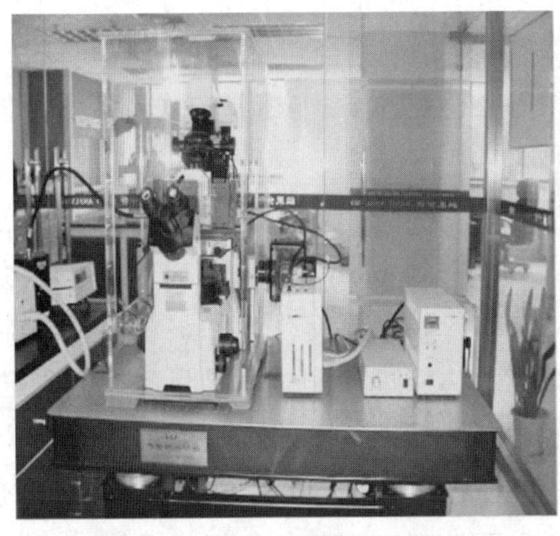

图3 原子力显微镜（左图）观察Morpho Poleides蓝蝴蝶翅膀的反射模式的图像（右图）

（3）带有背散射电子衍射（EBSD）附件的扫描电子显微镜

背散射电子衍射（electron back scattered diffraction，EBSD）是一项在扫描电镜中获得样品结晶学信息的新技术。通过自动标定背散射衍射花样，测定大块样品表面（通常矩形区域内）的晶体微区取向，此技术使块状样品在观察显微组织形貌的同时还可以进行晶体学数据分析。而其能够通过晶体学取向的差别来辨识不同晶粒的强大功能，是普通光学金相显微镜所无法比拟的。对基于EBSD技术成像的材料显微组织图像进一步进行体视学与图像分析，可以获得更准确的晶粒或相粒子的尺寸测量结果，还可以对特定类型晶体学取向的晶粒所占体积分数等进行定量测量。一些仪器型号还可以对显微组织进行 3D 重建。该类设备在材料领域已经获得越来越广泛的应用。详见本书《材料体视学发展现状与趋势》专题报告以及相关网站（例如，http：//www.ebsd.com/）。

另外还有成像系统与图像分析系统结合在一起的例子。例如，透射电镜—图像分析系统是将透射电镜对超微结构的成像功能与计算机图像分析系统结合形成的具有测试超微结构图像功能的超微结构定量分析系统[18]，既可用于生物样品，也可用于非生物材料。显微荧光成像则是一种将荧光成像与计算机图像分析技术相结合的计算机图像测试分析系统，在生物医学中具有广泛的应用价值[19]。活体成像分析系统也是利用荧光发光功能将生物组织荧光成像与计算机图像分析技术相结合的计算机图像测试分析系统（图 4），在生物医学研究中，特别是肿瘤生物学研究中有重要应用价值[20]。

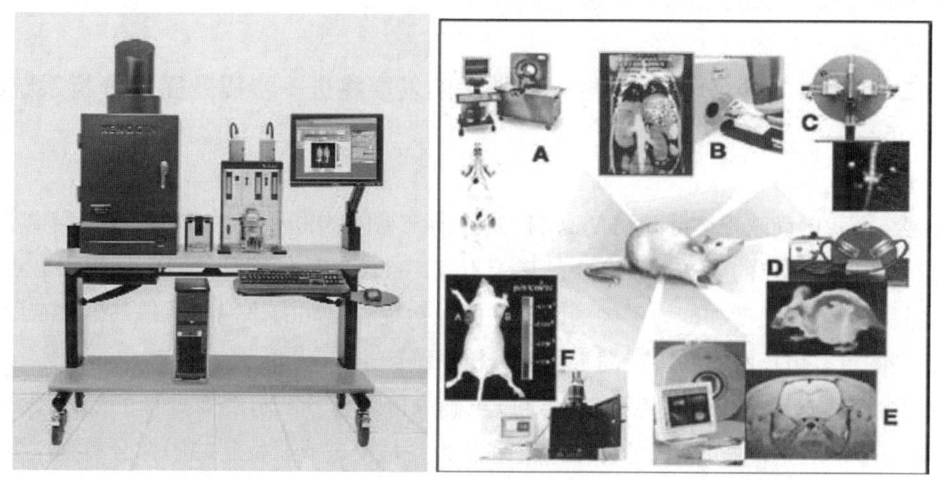

图 4　活体成像分析系统

三、体视学与图像分析仪器发展趋势与建议

体视学与图像分析仪器发展趋势的预测不是一个单纯的学术或技术问题，市场需求更是一个非常重要的因素。从当前体视学测试仪器发展状况及相关应用学科发展需要来看，体视学与图像分析仪器的发展（此处不包括 CT 设备），粗略判断具有以下趋势及特点。

（一）体视学与图像分析系统有可能向如下三个不同的方向发展

1）越来越多地与计算机及成像系统整合，以成像—图像处理—图像分析多功能观测分析系统的形式，形成高端商业产品。在此类产品中，体视学与图像分析系统仅是大型多功能观测分析系统的一个有机组成部分，而不再是独立的产品。

2）独立的图像分析系统产品仍会有相当大的发展空间。通过面向不同专业应用的方向进一步分化，形成面向不同专业领域的图像分析系统，如面向生物医学领域的细胞图像分析仪、红外线图像分析仪、病理图像分析仪等、荧光原位杂交（FISH）图像分析仪，和面向材料等领域的各种自动图像分析仪器，等等。这一趋势有可能长期保持下去。

3）图像分析与体视学计算软件可以与以往所需的特定硬件脱离，在计算机上独立运行，从而可以很容易地将图像分析软件与个人计算机 DIY 成自动图像分析系统。图像来源的多途径多样化（例如可以通过互联网和计算机甚至手机远距离传送和接收各种高分辨率图像），进一步强化了图像分析系统相对于显微镜等成像设备的独立性。此类 DIY 形式，既大大降低了图像分析系统的成本，也为更大规模地普及自动图像分析和体视学的推广应用创造了前所未有的历史机遇，从而这类 DIY 图像分析系统也将成为在科技界教育界推广应用体视学与图像分析技术的一种重要形式。

（二）成像、图像分割、图像处理技术的发展将进一步提升图像分析系统的能力与水平

1）至今我国尚缺乏国际认可的高端产品。生产图像分析仪的技术难度持续不断降低，导致我国图像分析仪的生产厂家和产品良莠不齐，甚至其软件部分达不到体视学分析测试的基本要求。依托类型和能力不同的高水平成像系统和可靠的体视学原理基础，有助于开发出新型的更有市场潜力的国产高端图像分析系统。

2）大多数自动图像分析系统面对难以正确进行图像分割与图像处理的复杂图像时束手无策。不断研究和改进图像的分割及处理能力，是改进或研发新的图像分析系统的必由之路。

3）全面提升我国的体视学与图像分析仪器装备的研发和推广使用水平，需要相应的行业标准。国内外在材料体视学与图像分析领域已有一定数量的国际或国家标准，但国内外均缺乏体视学与图像分析仪器研发所需要的行业技术标准。希望我国在这方面应该能够有所作为，中国体视学学会可以组织协调这类国家或行业标准的制定。

（三）提升研发人员的体视学水平，是提升图像分析系统研发水平的重要基础

数字图像处理、分析与识别是图像分析的主体，而由 2D 截面图像的分析测量进而获得 3D 结构的定量表征是体视学的主要功能。自动图像分析系统承担着由 2D 截面图像的分析测量进而获得 3D 结构的定量表征结果的重任，其软件设计开发人员必须拥有雄厚扎实的体视学理论和方法学基础。因为在自动图像分析系统中，体视学是通过软件的执行而发挥作用，对于操作者来说看不见摸不着，出了大错也难以察觉。而我们都明白：错误的定量数据导致的破坏性后果，可能比仅对 3D 结构进行定性描述要大得多！

参 考 文 献

[1] 国际体视学学会官方网站 [EB/OL]：http：//www. stereologysociety.org/，2012-07-08.

[2] 余永宁，刘国权．体视学——组织定量分析的原理和应用 [M]．北京：冶金工业出版社，1989.

[3] 申洪，沈忠英．实用生物体视学技术 [M]．广州：中山大学出版社，1991.

[4] 杨正伟．生物组织形态定量研究基本工具——实用体视学方法 [M]．北京：科学出版社，2012.

[5] 刘国权．体视学学科发展研究的问题与思考——体视学定义与体视学学科 [C]．第十三届中国体视学与图像分析学术会议论文集（大会特邀报告）．太原中国体视学学会，2013：3-11.

[6] The metallographic examination of archaeological artifacts：Laboratory Manual (M). MIT Summer Institute in Materials Science and Material Culture，2003. [EB/OL]：http：//ocw.mit.edu/courses/materials-science-and-engineering/3-094-materials-in-human-experience-spring-2004/laboratories/manual_suppl.pdf，2013-11-09.

[7] Mouton P R. The history of modern stereology [EB/OL]. [2013-10-15]. http://www.disector.com / The-History-Of-Modern-Stereology_c_65.html.

[8] 刘国权，宋晓艳，陈雨来，等．一类新的体视学用三维晶粒组织仿真模型 [J]．中国体视学与图像分析，1998，3（3）：129-133.

[9] 杨正伟．体视学研究的辅助工具：现状与展望 [J]．中国体视学与图像分析，2013，18（3）：249-254.

[10] Wen X H，Yang Z W. Quantitative (stereological) study on the spermatozoal storage capacity of epididymis in rats and monkeys [J]. Asian Journal of Andrology，2000，2 (1)：73-77.

[11] 互联网 [EB/OL]：http：//cn.linkedin.com/company/visiopharm/products?trk=tabs_biz_product，2013-11-09.

[12] 董海军，姜志国，周付根，等．组织切片图像的 Disector 计算机自动计数及三维显示 [J]．中国体视学与图像分析，2000，5(2)：109-113.

[13] Liu G Q，Yu H，Li W. Efficient and unbiased evaluation of size and topology of space-filling grains [C]. The 6th European Congress for Stereology. Prague：1993：7-10.

[14] Kurzydlowski K J，Ralph B. The quantitative description of the microstructure of materials [M]. New York：CRC Press，1995：107-109.

[15] Ullah A，Liu Guoquan，Wang Hao，et al. Optimal approach of three-dimensional microstructure reconstructions and visualizations [J]. Materials Express，2013，3 (2)：99-184.

[16] Kristiansen S L，Nyengaard J R. Digital stereology in neuropathology [J]. APMIS, 2012，120 (4)：327-340.

[17] West M J. Isotropy，iSectors，and vertical sections in stereology [J]. Cold Spring Harb Protoc，2013，(1)：071803.

[18] Nishihira T，Ohjimi H，Eto A. A New digital image analysis system for measuring blepharoptosis patients' upper eyelid and eyebrow positions [J]. Ann Plast Surg，2013，Epub ahead of print.

[19] Blatt R J，Clark A N，Courtney J，et al. Automated quantitative analysis of angiogenesis in the rat aorta model using Image-Pro Plus 4.1 [J]. Comput Methods Programs Biomed , 2004，75 (1)：75-79.

[20] Cullen-Mcewen L A，Armitage J A，Nyengaard J R，et al. Estimating nephron number in the developing kidney using the physical disector/fractionator combination [J]. Methods Mol Biol , 2012，886：109-119.

撰稿专家：（以姓氏笔画为序）

王德文　申　洪　刘国权　齐　鲁

陈耀文　姜志国　唐　勇　傅　蓉

执　　笔：申　洪　刘国权

附　　录

附录一　中国体视学学会历次全国会员代表大会及挂靠单位情况

理事会	会员大会召开时间	召开地点	理　事　长	秘书长	学会挂靠单位（起止年份）
第一届	1988 年 11 月	北　京	张文奇（1988 年 11 月—1990 年 5 月） 李静波（1990 年 5 月—1993 年 9 月，代理）	张振声	北京钢铁学院（现北京科技大学）（1988 年 11 月—1993 年 9 月）
第二届	1993 年 5 月	北　京	马承宣（1993 年 9 月—1999 年 8 月）	张振声	中国人民解放军总医院（1993 年 9 月—1999 年 5 月）
第三届	1999 年 8 月	西　安	谢维信（1999 年 8 月—2002 年 6 月） 赵荣椿（2002 年 6 月—2002 年 12 月，代理） 顾秉林（2002 年 12 月—2003 年 11 月，代理）	张振声	深圳大学（1999 年 5 月—2003 年 11 月） 西安华海医疗信息技术股份有限公司（2002 年 3 月—2003 年 11 月）
第四届	2003 年 11 月	北　京	顾秉林（2003 年 11 月—2008 年 9 月）	康克军	清华大学（2003 年 11 月起）
第五届	2008 年 9 月	佳木斯	康克军（2008 年 9 月—2013 年 9 月）	王　忠	清华大学
第六届	2013 年 9 月	太　原	康克军（2013 年 9 月—2017 年 9 月）	王　忠	清华大学

附录二　中国体视学学会各分会成立时间与挂靠单位

分会名称	成立时间	目前挂靠单位
生物医学分会	1988 年成立	军事医学科学院
材料与图像分析分会	1989 年成立 (1994 年后拆分成图像分析分会和材料科学分会)	北京科技大学
材料科学分会	1994 年成立	北京科技大学
图像分析分会	1994 年成立	西北工业大学
CT 理论与应用分会	1997 年由中国计算机学会转入	中国计量科学院
仿真与虚拟现实分会	2000 年成立	北京航空航天大学
金相与显微分析分会	2004 年成立	东北大学

附录三　历届中国体视学与图像分析学术会议召开时间与地点

届　次	召开时间	召开地点	届　次	召开时间	召开地点
第一届	1981 年 11 月	四川成都	第八届	1998 年 10 月	广东深圳
第二届	1982 年	四川乐山	第九届	2001 年 9 月	北　京
第三届	1983 年	四川灌县	第十届	2003 年 11 月	北　京
第四届	1987 年 9 月	云南昆明	第十一届	2006 年 10 月	浙江宁波
第五届	1988 年 11 月	北　京	第十二届	2008 年 9 月	黑龙江佳木斯
第六届	1993 年 5 月	北　京	第十三届	2013 年 9 月	山西太原
第七届	1995 年 9 月	湖南张家界			

附录四　体视学学科重要成果名录（2009—2013）

1. 学会理事长康克军教授团队完成的“大型装备缺陷辐射检测技术”项目获得2010年度国家技术发明奖一等奖；
2. 学会常务理事田捷研究员团队完成的“小动物多模态光学分子影像成像方法与系统”获得2010年度国家技术发明奖二等奖；
3. 学会常务理事田捷研究员团队完成的“基于大形变和低质量的指纹加密方法与应用”，获得2012年度国家技术发明奖二等奖；
4. 学会会员赵景民教授团队完成的“中国人群肝病谱构建与HBV相关肝病集成防治策略的建立及应用”获得2012年度国家科技进步奖二等奖；
5. 学会副理事长左良教授团队完成《一种含镁高铝合金的结构材料件及其制备方法》获得2013年第41届日内瓦国际发明展金奖；
6. 学会副理事长张跃教授团队完成的“大面积强流场发射冷阴极的研制”获得2009年度教育部技术发明奖二等奖；
7. 学会常务理事焦宗夏教授团队完成的“高可靠先进液压系统新技术及其在现代军机、民机和航天器中的应用”项目获得2010年度国家科学技术进步奖二等奖；
8. 学会理事龚光红教授团队完成的“复杂XX环境下XXXX仿真技术研究”项目获得2012年度国防科学技术进步奖二等奖；
9. 学会会员赵景民教授团队完成的“25946例中国军民肝穿病例肝病谱、临床病理、流行病学及转归研究”获得2009年度总后军队医疗成果奖一等奖；
10. 学会常务理事彭瑞云教授团队完成的“中子放射损伤的分子病理特点和防治措施研究”获得2009年度总后科技进步奖二等奖；
11. 学会会员解恒革副教授团队完成的“老年期痴呆的临床与基础系列研究”获得2012年度总后军队医疗成果奖；
12. 学会会员赵景民教授团队完成的“非酒精性脂肪性肝病发病机制与干预阻断研究及应用”获得2012年度教育部科技进步奖一等奖；
13. 学会副理事长张跃教授主持研究的“低维功能纳米材料的结构性能调控及器件基础”获得2010年度北京市科学技术奖一等奖；
14. 学会副理事长唐勇教授主持研究的“TAU蛋白病异常神经网络新靶点研究”获得2010年度重庆市自然科学奖一等奖；
15. 学会会员赵景民教授团队完成的“脂肪性肝病发病机制、病理特点及临床对策研究”获得2011年度河北省科技进步奖一等奖；
16. 学会会员毕龙副教授参与研究的“抗感染活性骨系列实验研究及临床应用”获得2009年度陕西

省科技进步奖一等奖；

17. 学会常务理事韩焱教授团队完成的“X 射线工业 CT 成像装置和方法研究”和“管状结构综合参数自动检测技术与系统”分别获得 2011 年度和 2013 年度山西省科学技术奖二等奖；
18. 学会理事张红新教授团队完成的“淋巴管生成与食管癌转移关系的研究”和“Paxillin(桩蛋白) 与食管癌浸润、转移关系的研究”分别获得 2010 年度和 2011 年度河南省教育厅科技成果奖一等奖；
19. 学会理事赵咏秋教授、副理事长刘国权教授团队完成的“金属中金相组织含量和级别的图像分析与体视学测定系列国家标准”项目获得 2012 年度中国钢铁工业协会、中国金属学会冶金科学技术奖二等奖；
20. 学会常务理事陈志强研究员团队完成的“铁路关键部件快速 DR/CT 系统产业化”项目，获得 2012 年首届中国体视学学会科学技术奖科技进步奖一等奖；
21. 学会理事长顾问王德文研究员团队完成的“体视学技术在军事病理学及相关领域中的推广应用”项目，获得 2012 年首届中国体视学学会科学技术奖科技进步奖一等奖；
22. 学会会员吴开明教授团队完成的《低合金高强度钢微观组织的三维形态及长大行为》项目，获得 2012 年首届中国体视学学会科学技术奖自然科学奖二等奖；
23. 学会会员吴波教授团队完成的《体视学在临床病理领域中的应用研究》项目，获得 2012 年首届中国体视学学会科学技术奖科技进步奖二等奖；
24. 学会常务理事田捷研究员团队完成的“多模态荧光分子影像系统”获第十八届全国发明展览会金奖 (2009 年度)；
25. 学会常务理事田捷研究员团队完成的“多模态荧光分子影像系统”获世界知识产权组织（World Intellectual Property Organization）最佳发明奖 (2009 年度)。

附录五　体视学学科重要研究团队

生物医学体视学领域

1. 军事医学科学院放射与辐射医学研究所
2. 重庆医科大学干细胞与组织工程研究室
3. 吉林大学中日联谊医院中心研究室
4. 北京航空航天大学图像处理中心
5. 川北医学院形态定量研究室
6. 暨南大学医学院和广州市泰柯计算机科技有限公司
7. 中国人民解放军空军总医院皮肤科（全军皮肤病研究所）

材料体视学领域

1. 北京科技大学材料科学与工程学院
2. 东北大学材料各向异性与织构教育部重点实验室
3. 重庆大学先进金属结构材料与微结构研究团队
4. 武汉科技大学应用物理系
5. 北京工业大学计算材料学研究团队
6. 山东理工大学先进金属材料创新研究团队
7. 上海大学晶界工程研究团队
8. 福建工程学院晶界工程研究团队
9. 以湖北新冶钢有限公司、北京科技大学、冶金工业信息标准研究院等单位为核心的体视学与自动图像分析类国家标准研究制定团队

图像分析领域

1. 中国科学院自动化研究所模式识别国家重点实验室
2. 中国科学院分子影像重点实验室
3. 北京航空航天大学图像处理中心
4. 中国科学院遥感与数字地球研究所
5. 中科院遥感所遥感图像处理技术研究室

CT 理论与应用领域

1. 清华大学工程物理系的粒子技术与辐射成像教育部重点实验室、辐射技术与辐射成像教育部工程中心

2. 重庆大学 ICT 研究中心
3. 中北大学信息探测与处理技术研究团队
4. 首都师范大学检测成像北京高等学校工程研究中心
5. 北京航空航天大学 NDT&E 中心
6. 天津大学电器自动化学院过程 CT 研究团队
7. 深圳大学光电子学研究所 X 射线相衬成像研究团队
8. 上海交通大学生物医学工程学院
9. 中国科学院高能物理研究所
10. 中国科学院深圳先进技术研究院劳特伯生物医学成像研究中心
11. 中国计量科学研究院
12. 北京中盾安民分析技术有限公司
13. 中国航空工业集团公司北京航空材料研究院无损检测研究室
14. 中国工程物理研究院应用电子学研究所、国家 X 射线数字化成像中心

仿真与虚拟现实领域

1. 北京航空航天大学先进仿真技术航空科技重点实验室
2. 北京航空航天大学复杂产品先进制造工程中心
3. 北京航空航天大学智能系统与控制系
4. 航空医学研究所飞行仿真技术研究团队
5. 解放军第一附属医院骨骼仿真与虚拟现实研究团队

ABSTRACTS IN ENGLISH

Comprehensive Report

Abstract of the Synthesis Report

Stereology is an interdiscipline in a three-dimensional structure research which was formed in the 1960s. The research focuses of stereology are the quantitative analysis and projection visualization methodologies of three-dimensional structures and the profiles and projected images of the three-dimensional structures. With the deepening process of innovation-oriented nation-building and the urgent need for quantitative characterization of the material three-dimensional structure in many areas, the stereological discipline plays much more prominent roles in many fields. In recent years, stereology discipline in our country has been developing rapidly. Firstly, in our country, a stable great team consisting thousands of scientists focusing on stereology has been formed in China. Secondly, the definition of stereology and stereology discipline have been further unified, and the fields of stereological theories and methodologies have been scientifically expanded. Thirdly, a number of major scientific and technological achievements have been achieved. It has made important contributions to meet the economic and social development in some hot demands. Some projects won a series of important awards led by the experts in the China Society for Stereology, and earned the highest awards such as First Prize of the State Technological Invention Awards. Fourthly, the 13th International Conference of Stereology has been successfully held in China. Chinese scientists have been playing an increasingly important role in the field of international stereology. The influence of Chinese stereological discipline on the international stereology area has increased significantly. Fifthly, we have built a number of scientific and technological research platforms and research teams closely related to stereological applications, created better conditions for stereological disciplines to meet the economic and social development. However, significant differences still exist between Chinese stereological discipline and international advanced level, which include the lack of original inventional research achievements, significant deficiencies in original research and popularization of modern stereological methods and the existence of the situation of few multinational equipment monopoly of the domestic high-end market. The important directions for further development in our stereological discipline and the application of stereology discipline include: (1) Make full use of role of Chinese Stereological Institute, vigorously promote the combination of research results and the applications of the research achievements, and constantly promote the rapid and healthy development, popularization and application in our stereological disciplines, image analysis techniques and CT technology; (2) Emphasis on basic research, enhance the original innovation and collaborative innovation, improve CT equipment, comprehensive independent research and development level and market competitiveness of our stereology and image analysis, break down high-end market monopoly by a few of foreign companies; (3) Combine significant demands of different disciplines to bring new ideas and new technologies, develop new stereological technologies and new stereological methods, and dedicate to make greater contributions for stereology in independent innovation nation-building.

Reports on Special Topics

The Development Status and Trends of Biomedical Stereology

Biomedical stereology, a branch of stereology, is to study the structure of biological tissues based on the principles and methods of stereology and to explore appropriate stereological estimation methods according to the structural characteristics of biological tissues.

Firstly, the special report reviewed the recent research progress in field of biomedical stereology. (1) Biomedical stereological methods are constantly established and improved, including the unbiased stereological estimation of the number of neurons and synapses and the myelinated nerve fibers in brain tissue, the stereological model of virtual biopsy, image analysis methods for the quantitative detection of transcription factor activity by means of the immunohistochemical staining, models and procedures for analyzing the relationship between the peripheral blood cell count and the radiation time and dose in acute radiation sickness, the impact of different staining methods and slice thickness on the detection of nuclear DNA content and so on. (2) The application of stereological methods in the experimental pathology research and clinical pathology diagnosis is continuously to be strengthened, including the application disector into biomedical research, the applications of stereological methods into radiopathology and electromagnetic radiation damage research, the application of stereology into the research of normal tissues or animal models of disease and the application of stereology into clinical pathology. In addition, the infrared thermal imaging quantitative techniques, dermoscopy image analysis techniques and bone histomorphometry technology have also made great progresses. (3) Biomedical stereology relevant monographs and textbooks are constantly compiled.

Secondly, the report made a comparative analysis of development of biomedical stereology between China and other countries. The overseas application of "disector" into biomedical research was more widely and deeply than that of China, while the applications of stereology in the research of the structure, development and related diseases of nervous and reproductive system were nearly at the same level between China and other countries. The applications of image analysis in biomedical research showed no obvious difference. The application of stereology in dermatology research in China kept ahead, but the three-dimensional reconstruction lagged behind of other countries.

Thirdly, the report analyzed the trend of biomedical stereology in China, and also proposed some suggestions and countermeasures for the development of biomedical stereology. The trend of biomedical stereology is to constantly establish and improve biomedical stereological methods, and to expand application fields of biomedical stereology. We propose to produce much more powerful propaganda about biomedical stereology, develop national standards of biomedical stereological methods and increase technical training. Besides that, it is also suggested to add "Stereology" and "Biomedical stereology" courses into undergraduate education.

The Development Status and Trends of Materials Stereology

Microstructures play a key role in affecting the materials properties. The quantitative characterization of the microstructures and hence establishment of the reliable relationship between the microstructure and properties, are very important in the field of materials science and engineering. The great significance of materials stereology is that as a quantitative analysis method, it provides the unbiased or approximate description of microstructural and morphological characteristics of materials, and restores the three-dimensional quantitative information from the two-dimensional image analysis of the materials microstructure. Thus, the stereological theories and methods are indispensable for accurate description of microstructures of materials, and they are consequently significant for the design, preparation and applications of materials.

In recent years, essential progresses have been made in materials stereology, including three-dimensional reconstruction and direct observation and measurement of microstructures, numerical modeling of morphology evolution, seamless coupling between stereology and three-dimensional simulation of microstructure evolution, orientation mapping technique of microstructures and grains, and three-dimensional quantification and distribution of grain boundary characteristics. These achievements support materials science in elaborating related laws such as microstructure evolution mechanisms and relationships between microstructure and properties. Moreover, they have expanded the research topics of stereology in three-dimensional microstructure studies in materials science and engineering.

Wide use of materials stereology has promoted the establishment and applications of some national standards in the stereological methods and image analysis techniques, such as GB/T 18876.1-2002, GB/T 18876.2-2006 and GB/T 18876.3-2008. The image analysis and stereological methods are used to measure the content and scale of inclusions, carbides and second phase particles in steels and other metallic materials. Owing to the formulation of the standards in our country, the automatic image analysis technology that applies stereology has been for the first time connected with the international standards in the experimental procedures for metallic materials. This promoted the epoch-marking progress in the domestic quality assessment in steel industry from manual estimation to automatic quantitative control. As a result, several national standards concerning stereology applications have achieved multiple national and provincial awards of science and technology.

In order to obtain the three-dimensional microstructural parameters of materials, the combination of stereology, computer simulation and image analysis technique has been developed. Numerical calculation and computer simulation have been used to study the microstructure and its evolution, which plays an important role in verification and modification of the related stereological theories and methods. With the approach of three-dimensional visual simulations, the modeled microstructures that are very close to real materials can be produced. Thus they can be used as samples to correlate precisely the two-dimensional parameters in the cross-sections and those in three dimensions. Therefore, a scientific and convenient access is created to verify stereological methods and develop stereological relationships. With rapid development of image analysis techniques from optical microscopy to scanning electron microscopy and transmission electron microscopy, especially with the commercialization and applications of the electron back scattering diffraction technique, the image analysis technology that integrates morphological information and crystallographic data has assisted greatly the development of stereology. The grain boundary engineering, as one of the representative applications of materials stereology, aims to detect and characterize the three-dimensional parameters of grain boundary characteristics distribution. In this field, characterizations of the grain boundary characteristics by means of misorientations have been improved to quantify grain boundary textures, which represents integration of stereology and electron back scattering diffraction technique.

The special issue on the development of materials stereology introduces recent progress in the applications of materials stereology, particularly in the fields of computational material science, electron back scattering diffraction technique and grain boundary engineering. The progress and prospects are presented together with the comparisons between domestic development and international development.

The Research Status and Trends of Image Analysis

Stereology is a kind of quantitative study of the stereoscopic interpretation of geometric structures of materials or tissues, e.g. human body, biological organs. Utilizing computer image analyses methods, it provides the quantitative information and accurate measurement of physical objects. As the basic research tools of stereology, image analysis technology includes image segmentation, interesting area feature extraction, target detection and classification, target characterization analysis and quantitative measurement, and 3–D structure visualization. The progress in image analysis technology is mainly reflected in both aspects of theory researches and practical applications.

In the theory research area, a great deal of image segmentation algorithms fitting for biomedical and materials fields have been developed. Based on active contour model, Level Set and Snake methods are proposed. Based on dynamic clustering, the methods including k–means, fuzzy C–means and Mean Shift clustering are developed. For the training and learning process in the segmentation process, supervised learning methods are introduced. Furthermore, in the image understanding and classification fields, the discriminant and productive model for classification and recognition is established. Moreover, a series of other new methods and ideas are researched, including the visual attention mechanism, the bag of feature model, the sparse representation, the manifold learning and the LDA models.

In biomedical application area, molecular imaging researches are extended in our country. Scientists from Chinese Academy of Sciences Institute of Automation have proposed new methods for the reconstruction of inhomogeneous molecular imaging, which gains successive practical applications and full–fledged industrialization. Besides, molecular imaging model and reconstruction algorithms have been established. In addition, several medical imaging processing platforms have been developed, i.e. the Molecular Optical Simulation Environment (MOSE), Medical Imaging Tool Kit (MITK) and 3–D Medical Image Processing and Analyzing System (3DMed). In addition, single–excitation fluorescence imaging system has been constructed as well. A series of evaluation experiments have been completed on physiological and pathological in vivo and pharmacodynamics.

In computer aided diagnosis system area, some aided diagnosis systems and lots of analysis methods have been developed based on biomedical images. The automatic analysis system of dermoscopy images that are special for the yellow race has been established. In addition, multispectral skin imaging technology is researched and the diagnosis mechanism and methods for skin disease gradually mature. The digital pathology and DICOM image management system based on the automatic control microscope is established. At the same time, the pathological image retrieval method based on digital biopsy is proposed.

In 3-D modeling area, many new algorithms are proposed to calculate, fit and model stereoscopic objects. It is worth mentioning that a new stereo matching algorithm ranks first in the precision of the Middlebury evaluation. The other one calculates and displays the curvature line on the implicit surface. The another one can evaluate the second derivative component based on the normal fitting. In the point cloud calculation field, a globally algorithm is proposed to directly parameterize the point cloud model, and a method is developed to resample and reconstruct large-scale point cloud based on external memory. Besides, some ones could extract skeleton from the depth images and product the generalized cylinder model of tree.

Since extensive academic communication with International Society for Stereology, Chinese Society for Stereology greatly develops our own theory and application in image analyses technology, and gradually catches up with the international level. It is very gratifying to see that new methods used by Chinese researchers have reached the international cutting edge in image analysis areas, e.g. image processing, image segmentation, feature extraction, image quantitative measurement, 3-D reconstruction and visualization. Many achievements in recent years are affirmed and highly encouraged by national and provincial science and technology departments. Relevant domestic researchers are awarded the second award of National Science and Technology Progress twice, the second award of National Technical Invention twice, and the Beijing Science and Technology Progress Awards twice.

The Development Status and Trends of Computed Tomography (CT)

Computed Tomography (CT) is a technology that is used to "seeing inside", i.e., being able to inspect the internal structures of an object without destroying it. Besides X-rays, electro-magnetic waves of various wave-lengths, electro-capacitance and electro-impedance signals all can be used for CT imaging. The family of CT and its application have been continuously expanded and are expecting a brilliant future. CT is a cross-discipline technology, which involves physics, mathematics, informatics, mechanics, electrical engineering, medicine, biology and etc. Currently, CT imaging has been one of the important tools in clinic diagnosis, as well as non-destructive testing, homeland security inspection, material imaging and biological sample imaging. CT is directly related to stereology.

This report of this special topic systematically reviewed the progress and achievements in the CT field during the last 5 years in our country, which include fundamental theories, key technologies and components, major facilities and products, and applications. Moreover, the major research groups and the history of "CT science and application" which is a branch of the Chinese society for stereology are introduced. With the great effort devoted by all researchers and engineers for over 20 years, our country advances significantly in CT theoretical research and system development. Nowadays, we are catching up with the steps of developed countries in the research of basic theories of CT; Domestic medical CT facilities have made a lot of progress; Industrial CT systems are able to meet the urgent need from our national security; Luggage CTs for homeland security have entered into global market; Nano–CT has matched the advanced level worldwide and gradually extends its application in the fields of biology, material science, petroleum exploration, and micro–electronics. Although we have made great progress in CT technology, there is still a big gap between developed countries and China in some aspects, especially in core components, which is becoming the bottleneck of the development of CT in our country. Based on the global trend in CT development, as well as considering the present situation and needs in our country, this report proposes some important research and development directions we shall focus on for the next 5 years, e.g., the fundamental theoretical problems, problems in developing key components, the urgent need in CT equipments. Finally, this report gives some suggestions on the academic–discipline development issue for CT.

The Development Status and Trends of Stereological Measurement Instruments

Based on the basic classification in the stereological measurement instruments, this special report not only systematically discussed the development status of stereological measurement instruments and analyzed the main trends and characteristics of stereological measurement instruments, but also reviewed previous stereological measurement instruments and summarized the characteristics of the present main stereological measurement instruments which included computer–aided testing analysis system and computer image analysis system based on the new stereological methods such as Disector. At the same time, this special report compared the domestic and foreign stereological measurement instruments, pointed out the main problems on the development of the domestic stereological measurement instruments and proposed some suggestions on the development of stereological measurement instruments in our country.

索　引

3D 结构表征参数　139
BPF 重建　110
《CT 理论与应用研究》 108
CT 和三维成像科技新进展奖　20, 22, 24, 108
CT 技术　16, 17, 32, 40, 59, 107, 116, 129, 130, 142
CT 理论与应用分会　4, 17, 20, 22, 108, 109, 130
FBP 重建　110, 121
FDK　111, 123
GPU 加速　110, 114
Katsevich　110, 111, 112
K 边缘　116
Linogram 频域重建　113
Monte Carlo 仿真方法　73
MRI　34, 58, 87, 93, 121
PET　34, 89, 93, 113, 121, 124, 129
PI 线　16, 110, 112
Radon 变换　111, 120, 121
Radon 域　112, 113
ROC　123
SPECT　34, 112, 113, 121, 124
von Neumann 方程　74

B

板状物 CT　113
半自动体视学图像分析方法　138
北京科技大学　9, 10, 17, 27, 68, 73, 76, 96, 138
边界测量　121
波带片　41, 120, 127, 128
泊松噪声　113
不完全数据　111

C

材料基因组计划　39, 42
材料科学分会　17, 18, 20, 21, 27
材料科学与工程　3, 8, 22, 68, 96, 97, 141
材料模型化　71
材料体视学　4, 8, 19, 27, 68, 81, 140,
材料性能　68, 75, 88, 96, 97
材料与图像分析分会　18, 27
彩色 CT　128

D

倒易点阵　76
等效原子序数　114, 115
低剂量 CT　34, 40, 114, 120
地震波 CT　121
第二相　9, 69, 71, 72, 81
第一性原理　71, 82
电磁 CT　109
电容 CT　109, 121
电子背散射衍射（EBSD） 8, 21, 27, 68, 75
电子密度　57, 114, 115

电阻 CT 109, 121
定量金相（体视金相学） 10, 69, 96, 140
多光源 17, 110

F

仿真与虚拟现实分会 17, 20, 22
非晶硅 41, 128
非局部平均算法（NLM） 89
分子动力学模拟 29, 79, 82
分子影像 12, 15, 24, 30, 35, 38, 95, 102

G

干涉条纹 117, 118
感兴趣区域 11, 12, 100, 111, 112, 127
高斯噪声 89, 113
功能特性 68, 77
共格孪晶界 77, 79, 80
光学显微镜 8, 71, 87, 92, 120, 143
光栅 34, 41, 117, 124, 128
光子计数探测器 16, 114, 115, 116, 124
国际体视学大会 18, 19, 20, 23, 59
国际体视学学会 3, 4, 18, 28, 59, 61, 99

H

红外热像 7, 54
混合泊松 113
活体成像分析系统 145

J

基材料分解 115
激光扫描共聚焦显微镜 143
几何参数 69, 120, 121, 122, 127, 128, 129
几何形态 92, 96, 111, 142
计算材料学 8, 21, 27, 29, 39, 70, 81, 97
计算机层析成像技术 (CT) 4, 107, 142
计算机断层成像技术 (CT) 4, 107, 142
计算机模拟技术 9, 29, 71
计算机自动图像分析技术 69
加速器 32, 33, 41, 117, 124, 128
夹杂物 9, 10, 30, 69, 70, 140
金相与显微分析分会 17, 20, 21, 22
金属伪影 122, 123
近似重建 110, 111, 114
经典体视学 10, 27, 137, 139, 140, 141
晶界工程（GBE） 8, 27, 36, 71, 76, 81
晶界特征分布 29, 30, 36, 71, 77, 78, 81
晶粒长大动力学 72, 73
晶体学 5, 8, 36, 71, 80, 144, 145
精确重建 110, 111, 112
聚焦离子束 76, 80, 81

K

可视化仿真 9, 71, 72, 73
空间分辨率 32, 40, 75, 99, 119, 127, 129
空间位置定位器 41, 128
块体材料 68, 77, 78

L

力学性能 29, 68, 74, 77, 96
灵敏度矩阵 121
流形（manifold） 5, 12, 14, 20, 98, 100, 101, 107
滤波片 128
螺距 111, 113
螺旋轨迹 110

M

密度分辨率 99, 128
模体 115, 121, 122, 129
目标检测识别模型 91
目标优化 16, 40, 110, 128

N

内问题　112, 121
纳米 CT　119, 120, 126, 129
纳米组织　81
能谱 CT　16, 34, 40, 114, 127, 128
能谱估计　115

P

偏振光皮肤镜　7, 13, 54, 99
平行束　111

Q

清华大学　59
青年体视学家竞赛　19, 20
取向差　8, 9, 29, 71, 74, 80, 81
取向成像技术　8, 68, 76
取向生长　79
全变差约束　113
全国材料科学与图像科技学术会议　20, 21
全国金相与显微分析学术年会　20, 21
全国射线数字成像与 CT 新技术研讨会　20, 22
全国生物医学体视学学术会议　20, 21
全国信号与信息处理联合学术会议　20, 22

R

热力学计算　29, 73, 79
人工体视学分析方法　137
软场　121

S

三维 X 射线衍射　80
三维结构　3, 5, 8, 55, 69, 87, 119, 137, 144
三维可视化　9, 71, 95, 101, 114
三维取向　76, 81
三维重建　6, 15, 27, 35, 50, 57, 68, 87, 95, 121, 142
散射　8, 21, 27, 68, 107, 116, 123, 144
散射角　119
扫描电子显微镜　8, 71, 75, 97, 144
扇束　110, 119, 122, 127
少量角度　112
射线硬化　122
深圳大学　17, 30, 88, 119, 125
生物体视学　11, 25, 60, 61
生物医学分会　17, 20, 23, 25, 56, 59
生物医学体视学　4, 5, 7, 11, 13, 19, 35, 47, 51, 59, 60, 100, 141
视野拓展　111
双能 CT　112, 115, 116
双效应分解　115

T

碳化物　9, 10, 69, 97
特殊晶界　77, 79
体可视化（Volume Visualization）　93
《体视学——组织定量分析的原理和应用》 27, 69
体视框（disector）　6, 27, 37, 48, 141
体视学　3, 14, 20, 29, 30, 47, 53, 76, 82, 91, 97, 103, 125, 140, 146
同步加速器　117
同位素源　124
投影条纹　117, 118, 119
透射电子显微镜　5, 8, 48, 53, 71, 75
图像分割　11, 36, 55, 88, 100, 122, 138, 142
图像分析　4, 6, 19, 30, 47, 70, 137, 146
图像管理与通信系统（PACS）　95
图像去噪　40, 88, 89, 127
图像预处理　88, 89, 99
退火孪晶　29, 36, 78, 79, 80
拓扑学　9, 73

W

伪影校正　121, 122, 123
五参数分析法　9, 71, 81
物质分辨　115

X

稀疏采样　16, 40, 111, 127
先验　41, 112, 123, 127
显微 CT　16, 33, 55, 93, 119, 142
现代体视学方法　35, 139, 142
线性衰减系数　107, 113
信息提取　31, 103, 116, 118
形态定量研究　27, 35, 37, 47, 56

Y

压缩感知　40, 110, 116, 127
有限角　40, 111, 127
原子力显微镜　39, 60, 144
圆轨迹　110, 111

Z

折射角　117, 119
织构　9, 28, 30, 36, 71, 77, 80
直线 CT　17, 113
《中国体视学与图像分析》 17, 18, 20, 22, 23, 24
中国人民解放军总医院　8, 17
中国体视学学会　3, 4, 5, 17, 23, 41, 56, 70, 88, 99, 103, 108, 146
中国体视学学会科学技术奖　18, 24, 56, 108
中国体视学与图像分析学术会议　4, 18, 19, 20
锥束　33, 110, 122, 128
自动图像分析　9, 10, 30, 39, 69, 70, 75, 81, 137, 142, 146
组元　29, 68
组织演变　8, 9, 29, 39, 68, 73, 97